GARDEN DESIGN BIBLE

花园设计圣经

[英] 蒂姆·纽贝利 / 著

余传文 / 译

TIM NEWBURY

中信出版集团 | 北京

图书在版编目（CIP）数据

花园设计圣经 /（英）蒂姆·纽贝利著；余传文译
. -- 北京：中信出版社，2023.1
书名原文：GARDEN DESIGN BIBLE
ISBN 978-7-5217-4597-9

Ⅰ.①花… Ⅱ.①蒂…②余… Ⅲ.①观赏园艺
Ⅳ.① S68

中国版本图书馆 CIP 数据核字 (2022) 第 137499 号

花园设计圣经

著　　者：[英] 蒂姆·纽贝利
译　　者：余传文
出版发行：中信出版集团股份有限公司
　　　　　（北京市朝阳区惠新东街甲4号富盛大厦2座　邮编　100029）
承 印 者：北京盛通印刷股份有限公司

开　　本：787mm×1092mm　1/16　　印　　张：15.75　　字　　数：150千字
版　　次：2023年1月第1版　　　　　印　　次：2023年1月第1次印刷
京权图字：01-2021-4551
书　　号：ISBN 978-7-5217-4597-9
定　　价：168.00元

目录

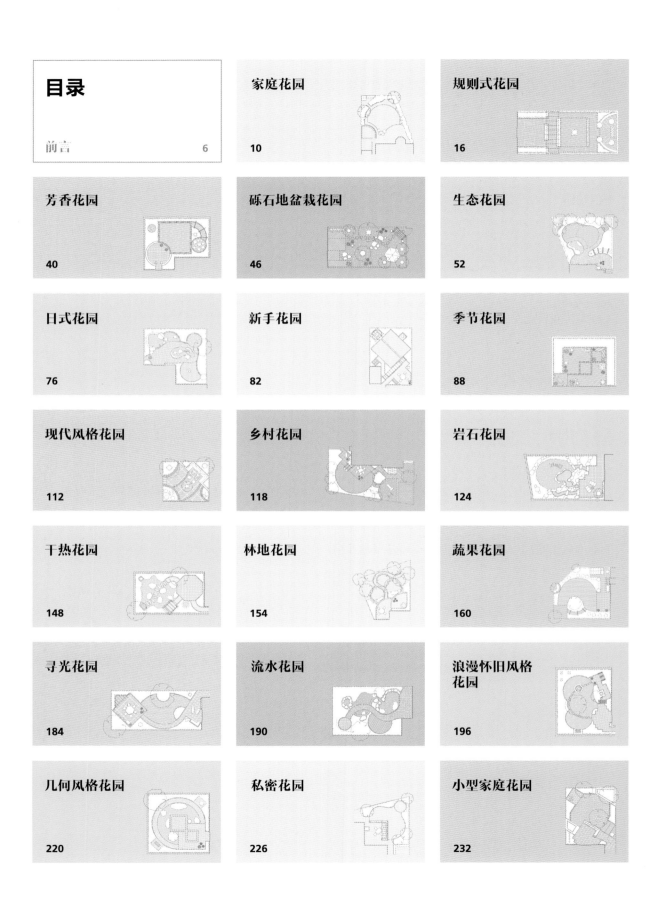

前言

很少有人在搬入新家时就能拥有完全合意的花园。用不同的植物和材料进行空间布局，对大多数人来说也颇有难度，第一次设计花园的新手更是如此。有时我们会引入一些功能性方面的思考——这里做个工具棚，那里摆个凉亭，阳光充足的位置挖个池塘——处理这些功能区域时，我们常会简单粗暴地把它们塞进花园，却忽略了它们对整体布局的影响。大多数园丁对待植物也是一样，经常被某些吸引眼球或当下时髦的植物吸引，一个个购买回来，却没考虑如何与其他植物搭配，更不会想它们五年十年后会长成什么样子。

如果那些让人眼花缭乱的电视节目和书籍真的有用，那么我们每个人都能做出精美的花园布局、深思熟虑的种植安排，拥有便捷的园路、实用的平台、方便进出的厨房，以及舒适的凉亭（既能在毒辣的太阳下制造阴凉，又能在恶劣的天气中提供庇护），更能筛选出一系列精彩美妙的植物，营造持续全年的色彩和形态。

可惜在现实中，大多数花园都"不成体系"，只着眼于细节导致花园支离破碎，尤其是在旧有布局上强加新的设计，可能造成非常难看的景观效果。设计一座好花园需要许多技能的相互配合——园艺、施工、设计和建筑学，但庞杂的知识也会成为阻碍，在建造过程中不断产生干扰。确定你需要的功能设施，选择适合环境的植物，使它们完美配合，形成独一无二的设计——这本应是愉快的工作，但涉及的选择之多（例如几十种风格的棚屋、凉亭，和数以千计的植物品种），会让做决定变得非常困难。

本书会帮助你做出决定。书中选取了40个不同类型的花园案例——从狭小的阳台到开阔的乡村花园，从小型

对页图：最有效的设计往往是最简单的，比如克制的色彩和简洁的线条。

蓍草和飞燕草是经典的宿根植物，它们稳定可靠，很适合种在向阳的草本花境中。

对页图：具有平衡美感的瓮罐组合充当着视觉焦点，也是铺装平台的装饰细节。

城市庭院到多风的滨海地块——本书会建议你如何布局和种植这些花园。这些案例涵盖了多种情况，适合不同园艺水平，还提供了专业知识的讲解。在众多案例中，有针对有小孩的年轻家庭给出的建议，也有为工作忙碌没时间打理花园的人士定制的方案，还有为热爱植物、享受园艺的爱好者提供的经典布局。

案例中的植物选择契合了每个方案的风格特点。其中有许多新颖的植物，也有很多经典植物的改良品种，它们的表现稳定可靠，且大多能在园艺中心和苗圃购买到。

书中的每个花园案例都是针对某一类人群而设计的，你可以轻松地找到最适合自己需求的风格与方案。也许你正在着手建造人生第一座花园，也许你已在花园中操劳半生，想少些劳作多些享受，无论哪种情况，你都能从这本书里得到建议和帮助。

家庭花园

建造一座家庭花园，既能让孩子安全地玩耍，也能让家长休息放松，还要充满吸引力，让朋友们在此欢聚娱乐，这是颇有难度的设计——满足每个家庭成员的需求可能会导致一系列不相关联的区域碎片，无法将花园整合成令人愉悦的整体。

案例中的设计要点

✓ 宽敞的平台和草坪区域，用于玩耍和放松。

✓ 独立的儿童游乐区，配以秋千或滑梯。

✓ 具有吸引力的整体布局，把所有家庭成员的需求囊括其中。

✓ 有围栏保护的蔬果香草种植区。

✓ 隐蔽的存储区，放置园艺工具和其他杂物。

✓ 安全的自循环水景。

✓ 适合家庭种植的植物，提供全年的景观。

✓ 易于打理维护。

✓ 便于家长在室内监督儿童在花园里活动。

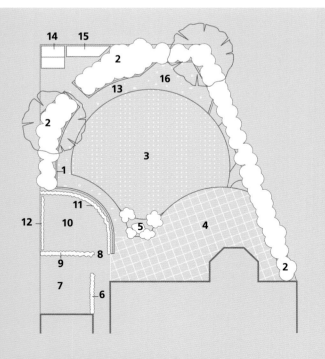

要素图例

1 木质花坛围边

2 种植区域

3 草坪

4 休闲平台

5 安全水景

6 格栅架屏风（附有攀缘植物）

7 杂物区 / 宠物区

8 蔬果区园门

9 格栅架遮阳屏（附

要素的变化搭配

如果你喜欢这个花园的整体设计，但想看看其中的要素还有哪些不同做法，可参考第250—251页的"要素的变化搭配"。

关键要素

儿童游乐区

要把这个区域放在从室内能看到的位置（通常是从厨房的窗户往外看），这很重要，能让你时刻看护到孩子们。如果这个区域不铺草坪，那么请用木板或树皮铺地，在上面设置滑梯、秋千或爬架供孩子们玩耍。

蔬果种植区

在家庭花园中开辟一片种植作物的区域，即使面积不大也会很受欢迎，它能成为新鲜果蔬的来源。在设计时要确保种植区不被自行车和误入的皮球影响，还要设置一个带有童锁的园门。

休闲平台

和煦的夏日中在花园招待家人和朋友，没有比这更令人愉快的事了。把平台设置在靠近房屋的位置，方便运送食物和饮料。还可以在平台附近（或用容器）种植有香气的植物，供人近距离闻到芬芳。

动手搭建

磨盘石水景

一般来说，不在家庭花园里设计池塘主要是怕儿童溺水。解决办法是，将大部分水储存在孩子触碰不到的容器里——最简单的，就是用地下水箱作储水结构。地面上用一个引人注目的焦点物（溢水的瓮罐、磨盘石或大石块）架在承重钢筋或网架上。隐藏在水箱底部的潜水泵将水抽起，"穿过"焦点物向上涌出。

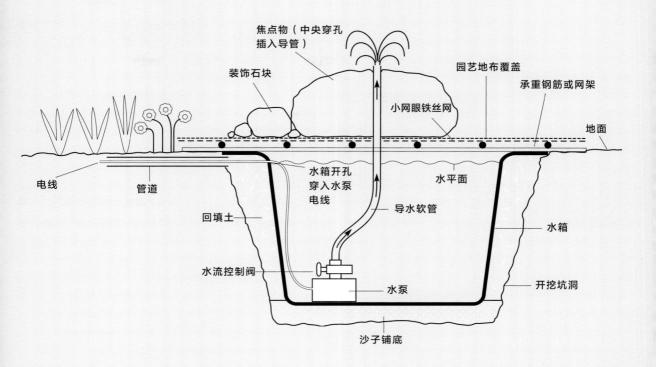

焦点物（中央穿孔插入导管）

装饰石块

园艺地布覆盖

承重钢筋或网架

小网眼铁丝网

地面

电线

管道

水箱开孔穿入水泵电线

水平面

导水软管

水箱

回填土

水流控制阀

水泵

开挖坑洞

沙子铺底

所需材料

- 磨盘石、瓮罐或大石块预先钻好孔，使导管可以穿过
- 水箱等盛水容器
- 袋装细沙（约 27 千克）
- 细土
- 砖块或混凝土块
- 承重钢筋或网架（60 厘米×60 厘米）
- 小网眼铁丝网（60 厘米×60 厘米）
- 园艺地布（60 厘米×60 厘米）
- 潜水式水泵
- 软管夹
- 导水软管（1 米）
- 装饰石块、石板或碎石

搭建步骤

1 地面挖坑，用约 2 厘米厚的软沙在坑底找平，将水箱放入坑中，检查是否平整，是否高出地面。将细土回填至水箱外侧，并压实。

2 将条状钢筋或方形网架架在水箱顶部，使其向四周外伸至少 15 厘米。上面若要摆放特别重的焦点物（例如大石块或磨盘石），还需用砖头或混凝土块垒成柱墩作额外支撑。确保焦点物下方留有足够的空间，便于导水软管向上穿入。

3 将软管一端穿入焦点物，并将后者安放到位，另一端连接到水泵。将水泵的电线穿过水箱上钻好的小孔，小孔的位置最好在水箱沿口的下方，以保护电线不被金属网摩擦。

4 将水箱装满水并打开水泵。用泵上

的调节阀控制水流强度，使水流以理想的水压从焦点物涌出。

5 在承重架的顶上叠放两片小网眼铁丝网，这样石块或卵石就不会掉下去了。如果用的是更小的卵石或碎石，则需要在铁丝网上再铺设两片园艺地布。

6 在最上层铺撒石块、卵石或碎石做完成面的装饰。

种植设计

案例中选用的植物

这个花园选用的是易打理且价格适中的灌木、宿根植物和观赏草。所有植物都对儿童和宠物友好，更因其持久的表现力和出色的抗病性而被选中。除了良好的排水之外，它们不需要其他特殊的生长条件，维护起来也很简单。

种植图例

1 绣球藤"伊丽莎白"

2 大花素馨

3 黄杨

4 金丝桃"希德科特"

5 血红老鹳草

6 矢羽芒

7 南鼠刺"苹果花"

8 洒金桃叶珊瑚

9 银斑肺草

10 粗齿绣球"珍贵"

11 金露梅"阿伯茨伍德"

12 小蔓长春

13 金银花

14 喜马拉雅桦

15 金心大叶常春藤"硫黄心"

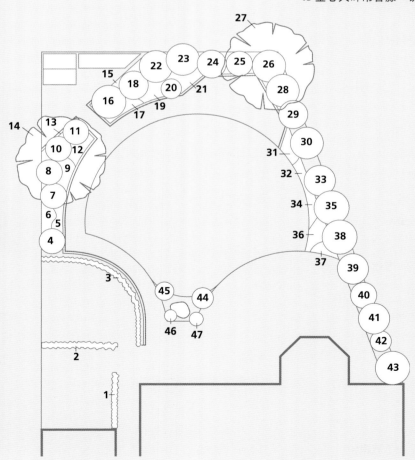

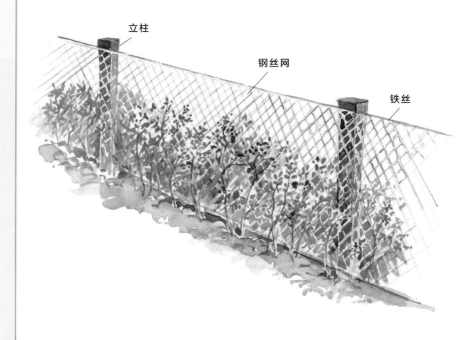

立柱

钢丝网

铁丝

"绿篱围栏"

这是一种把"围栏"和"绿篱"结合起来的屏障形式，可以用在任何需要阻隔遮挡的位置。它能保护一片区域免受飞来的皮球或儿童乱闯的破坏，而且比普通围栏更具视觉吸引力。

所需材料

- 立柱
- 铁丝
- 钢丝网
- 钉子（或钉枪）
- 绿篱植物

搭建步骤

1 在需要保护或遮蔽的区域周围插入立柱，然后在柱间横拉铁丝，形成围栏的框架。围栏应比最终的绿篱高度低约 15 厘米。

2 在框架上安装钢丝网。

3 把绿篱植物种在围栏旁边，距离越近越好。

4 定期修剪绿篱的外面，使之保持较薄的厚度，并促使枝叶长得更密实。待绿篱长到理想高度后开始修剪顶部，保持高度稳定。

最适合作"绿篱围栏"的植物

最好是常绿的，尤其是那些枝叶柔软强韧或枝叶细小密实的常绿植物：

- 针叶绿篱植物，例如欧洲红豆杉和北美乔柏等
- 常绿灌木，例如黄杨、亮叶忍冬、女贞等
- 常绿爬藤植物，例如常春藤等，可以很好地攀附在又高又窄的围栏上，占用的地面空间很小

规则式花园

经过合理的设计，简洁的规则式花园即使面积不大也可以很吸引人。无论尺度大小，最出色的规则式花园都融合着对称性和几何感。其中的植物也以"建筑造型"出现，用以创造整齐有序的形状，与精确规则的直线和曲线造型（铺装、围墙、喷泉等）相得益彰。克制的配色则温柔地缓和了结构的冷峻严肃。

案例中的设计要点

✓ 若干个独立又相连通的空间。

要素图例

1 自然石板铺装平台

2 月季花境

3 黄杨矮篱

4 紫藤廊架

5 薰衣草矮篱

6 石座瓮罐

7 围墙上的攀缘植物

8 草坪

9 红豆杉绿篱雕塑

10 红豆杉绿篱

11 旧砖铺装

12 长椅

✓ 强烈的对称性贯穿于花园布局，也出现在各个构筑物的造型上——园路、围墙、廊架等，在植物种植上也有体现，尤其是攀缘植物的重复出现。

✓ 一系列焦点的设置，从廊架到瓮罐，再到长椅（用密实的常春藤作背景衬托）。

✓ 简洁规则的形状、精确的直线和曲线线条。

✓ 修剪齐整的红豆杉、薰衣草和黄杨绿篱——红豆杉绿篱的两端是两个精心修剪的绿篱雕塑。

✓ 柔和浅淡的花朵色彩，既出现于重复的种植组块，也出现在单独的植物上。

要素的变化搭配

如果你喜欢这个花园的整体设计，但想看看其中的要素还有哪些不同做法，可参考第250—251页的"要素的变化搭配"。

长椅

想象一下长椅如何与花园其他部分搭配。老式长椅的样式及材质（如橡木和铸铁）与传统规则式花园相得益彰。而现代长椅的样式与材料（如不锈钢和塑料），出现在现代风格的花园中会更好看。

紫藤廊架

紫藤是出色的攀缘植物，它有长长的、略带香气的垂吊花穗。为了营造最佳效果，须尽量限制其根部蔓延，并给顶部预留充足的生长空间。让它攀爬在大型廊架上，能呈现完美的开花景象。

薰衣草矮篱

薰衣草的各个品种都能用来塑造低矮芳香的绿篱，可以用在规则式和非规则式花园设计中。要确保薰衣草矮篱种在阳光充足、排水良好的位置，开花后轻度修剪，并于每年早春时节适当重剪，这么做可以保持植株的整洁，控制其形态体量，并促进开花。我们还可以把花头剪下来晒干，带进屋内让其继续释放香气。

绿篱雕塑

你可以在市面上买到各种形状和大小的绿篱雕塑，让它们在规则式花园中"立刻"产生效果。但若不介意等待，自己动手修剪、慢慢塑造的过程也很有趣。

金叶女贞是理想的绿篱雕塑植物。

1 选择植物。虽然一些落叶植物也可以用作绿篱雕塑，但常绿植物是最好的选择，修剪起来也是最容易的（见右图）。

2 做出决定。是把它直接种在花园需要呈现的点位上；还是先种在容器里，等长到一定规模后再种进花园；再或者，一直留在容器中生长。

3 确定形状。在你积累到一定经验前，尽量避免复杂的形状。圆锥形、圆柱形、金字塔形和球形，是最容易上手的。

4 在植物下地之前，要彻底整好土地，为其良好生长做准备，因为只有健康强壮的植物才能做出最好的绿篱雕塑。若是用容器种植，需要把盆栽植物移入稍大的容器内（但不要过大）；如果还没做好上盆准备，就暂时留在原来的容器中。

5 大幅修剪侧枝，剪掉三分之一甚至更多，如果需要的话还可以切掉老枝，这样可以促进更多新芽长出。绿篱雕塑必须是密实茂盛的才算成功。即使在塑形的早期阶段，也要始终记得你打算修剪成的形状。举个例子，若想得到一个圆锥形，需要把上面的侧枝剪掉更多，下面的侧枝则要少剪，如此形成"圆锥"的基本形态。

6 在生长季节里给足水分和营养，促进其健康生长。

7 仲夏时节再次修剪，将这一年新长出的部分剪掉一半左右。之后不再修剪，让植物自由生长直到第二年春天，让它长出强大的根系。

8 在第二年春天到来之前再次大幅修剪，但剪幅不要超过前一季生长的起点。

9 在接下来的生长季中持续定期修剪，但只剪新长出来的枝叶。最后一次修剪在夏末进行，这样之后的"少量生长"可以柔化新剪的锐利外形，修剪后的伤口也得以在冬季之前愈合。

不同几何形状的绿篱雕塑种在砾石园路旁，使花园具有了古典的外观。

最适合作绿篱雕塑的植物

- 黄杨（适合全规格）
- 扁柏（适合全规格）
- 扶芳藤（适合中、小规格）
- 欧洲冬青（适合大规格）
- 阿尔塔冬青（适合大规格）
- 亮叶忍冬（适合全规格）
- 桂花（适合大、中规格）
- 欧洲红豆杉（适合大、中规格）

种植设计

案例中选用的植物

除非你想要一个极致的规则式种植方案（只依靠植物的形状、质感和叶片来搭配建筑元素），否则你还会希望增加一些柔和的质地和颜色，这个设计里就包含了攀缘月季和灌木月季的淡色花朵以及薰衣草矮篱的柔和蓝紫色，还有棚架上的紫藤，经过修剪紧贴在支架上生长。

种植图例

1 花叶欧洲红豆杉

2 大西洋常春藤（墙面）

3 欧洲红豆杉绿篱

4 月季"泡芙美人"

5 香忍冬"瑟诺"（墙面）

6 薰衣草"孟士德"

7 攀缘月季"瑟菲席妮·杜鲁安"（墙面）

8 铁线莲"红衣主教"（墙面）

9 淡红素馨（墙面）

10 攀缘月季"卡里叶夫人"（墙面）

11 月季"塞西尔·布伦纳"

12 黄杨绿篱

13 多花紫藤"长穗"（廊架）

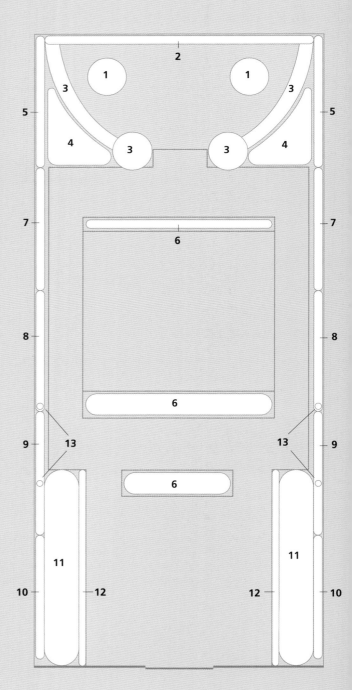

贴墙种植常春藤

应把常春藤视为某种程度上的"永久装饰"。它们在生长过程中会长出短小的气生根，攀附在墙壁上。常春藤一旦上墙，墙壁就很难粉刷和翻新了。

- 确保墙壁是坚固的，不至于被常春藤的气生根破坏砖的表面和砂浆接缝。
- 有些人曾尝试用线绳牵引常春藤，但很少成功，因为常春藤的攀缘生长需要一个平整的（未必是粗糙的）表面。
- 种植常春藤时，先把支撑杆牢牢插入土里，顶端斜靠住墙，再把常春藤的嫩枝轻轻绕在杆上，如果需要的话还用线绳固定，这样嫩枝便能贴住墙，直到新芽（和气生根）长出。
- 从苗圃购得的常春藤通常绑在杖杆上，它们本就很长了，况且已经长出了气生根，所以未必能在墙面上抓牢。最好的做法是将枝条剪掉30—45厘米，促进新芽生发，引导新长出来的枝条紧贴墙壁生长。
- 小叶品种的常春藤在某些条件下攀爬性不强，通常会长成低矮蔓延的小丘，在地面上比在墙壁上生长得更好。在新种的常春藤根部立置一长条木板（几厘米宽即可），能够减少植物底部接收的光照，迫使它为了获得更多阳光而向上生长，直立攀附在墙壁上（见右图）。

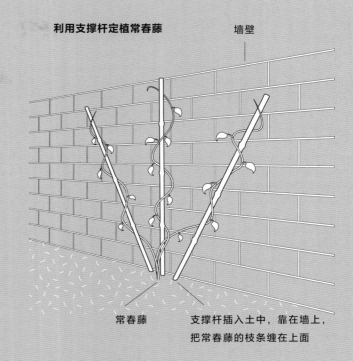

利用支撑杆定植常春藤

墙壁

常春藤　　支撑杆插入土中，靠在墙上，把常春藤的枝条缠在上面

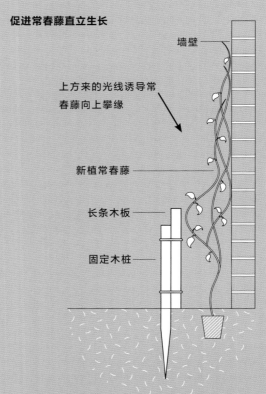

促进常春藤直立生长

墙壁

上方来的光线诱导常春藤向上攀缘

新植常春藤

长条木板

固定木桩

台地花园

大多数花园得益于拥有一个或多个平坦的区域，这些区域可用作休闲平台或铺设草坪，也便于舒适地漫步。坡度和缓的花园很容易改造出这样的区域，成为台地花园。如果自然坡度较大，则需要把地形改造得平缓一些，使花园在日常使用中更加方便。

案例中的设计要点

✓ 利用两道低矮的挡土墙将花园一分为三，挡土墙之间的坡地修整为平地。

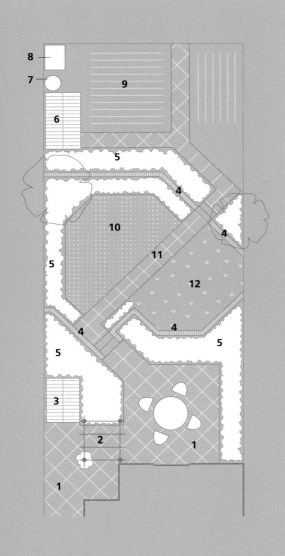

要素图例

1 石板铺装平台   7 取水口

2 廊架   8 堆肥箱

3 储物间   9 蔬果种植区

4 挡土墙   10 草坪

5 花境   11 园路

6 工具棚   12 游戏区

✓ 用安全好走的台阶和铺装路面把每层平台、每个区域连接起来。

✓ 利用植物将花园的每个部分围合成为封闭的空间，承载不同的功能，呈现不同的特点。

✓ 这个花园布局不仅能解决坡地的问题，应用于过于狭长的花园场地也有很好的效果。

✓ 设置低矮的围栏和台阶上的小门，使三层空间彼此独立，对小孩子而言也更加安全。

要素的变化搭配

如果你喜欢这个花园的整体设计，但想看看其中的要素还有哪些不同做法，可参考第250—251页的"要素的变化搭配"。

草坪

在一些花园里，草坪的存在是为了衬托丰富多彩的植被和花园构筑。在另一些场景中，草坪更加实用，可以作为游戏区、宠物区和休闲平台的延伸。无论你的草坪属于哪种情况，都要事先把地面准备好，就像种植灌木和宿根植物一样。

挡土墙

挡土墙是塑造台地花园的核心，它们把斜坡变成平地，使之美观又实用。我们可以用不同材料构筑挡土墙，并将其设计成引人注目的焦点，或者，也可以让它们保持低调，用大量的藤蔓植物覆盖其上。宜将挡土墙与台阶结合起来，方便你上下通往花园的各个区域。

户外家具

市面上有很多户外家具可供选择，需要多花些时间挑选风格与色彩适当，能与花园其他部分搭配起来的户外家具。还需要考虑是否要在某些季节里收起这些户外家具，如果需要，是否留有足够的储存空间。木质家具和带漆面的家具需要定期维护。

在小场地中变形应用

若要调整这个设计以适应较小的场地，可能无法装下所有要素。我们需要对布局进行变形，例如将草坪和游戏区整合起来，或是去掉一些对你来说不太重要的设施，把空间留给更需要的功能。右图是对第22页花园平面的改造（由长方形变为正方形）。

如果工具棚隐藏不了，那就试着把它变成一个可观赏的景观。

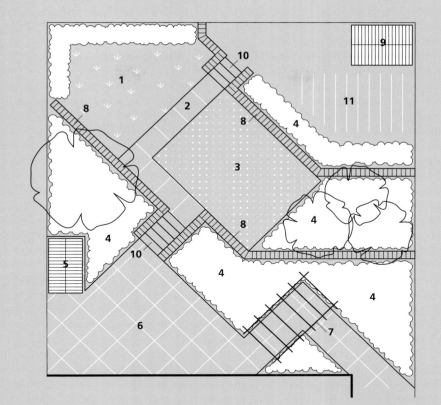

图例

1 游戏区

2 园路

3 草坪

4 种植区域

5 储物间

6 休息平台

7 廊架

8 挡土墙

9 工具棚

10 台阶

11 蔬果种植区

储物间和工具棚

如果没有大型储物空间（例如仓库或车库），那么你需要一个地方来放置园艺工具和众多花园杂物。必须承认，无论你选择多大的储物间和工具棚，它们都"不够大"。更值得关注的是：以何种方式将其纳入花园整体，使之好用、易通达，又不突兀生硬。

如果花园足够大，你不仅能设置储物间，还可以为那些不希望"被看到"的园艺设施（堆肥箱、水箱、温室、冷房等）单独设置一个区域，通过植物和其他遮挡物将其与花园的观赏部分隔开。狭长的花园特别适合这种布局，而在较小的花园里，你不得不把储物间安排在会被看到的位置，这时可以尝试用植物来遮蔽或柔化它的外观。

- 如果空间有限，可在储物间或工具棚的外墙上种植一些攀缘植物，但最好避免"自行附着"的植物（例如常

春藤），它们会增加棚屋的维护难度；我们可以在棚屋外墙上安装线绳和格栅，让攀缘植物（例如铁线莲和金银花）缠绕在上面生长，每隔几年进行必要的维护时，可以把这些植物剪掉，让它们重新生发枝条。

- 如果空间稍宽裕，可在棚屋外墙前方不远处设置独立支架，在上面安装线绳和格栅，这会让日后的维护更加简单；作为屏风的格栅架可以设计得醒目一些，让后面的棚屋反而不显眼。

- 如果空间更加充裕，可以在棚屋前面设计一片种植区域，混种常绿和落叶乔灌木；把这片种植区与花园其他种植区连接起来，这样藏在后面的棚屋就完全消失在视野之外了。

- 还可以换一种思路，把棚屋变成一个显著的景观，施以颜色涂料或墙绘，配合花园的主题。还可用悬吊的花盆和饰品装点它的外墙。在棚屋外围设计一小片铺装区域，使其成为闲坐放松的地方。

种植设计

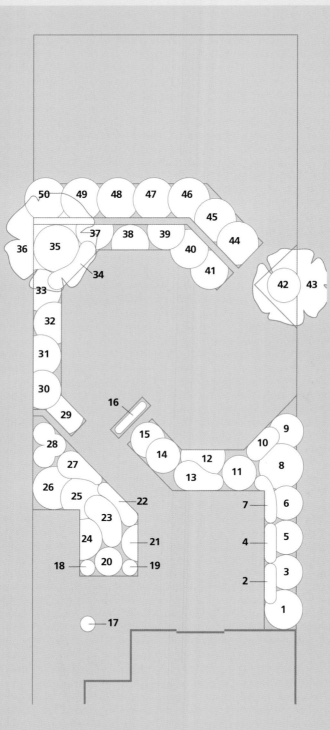

案例中选用的植物

本例中所选植物都是价格
合理、易于维护的乔木、
灌木、宿根植物和观赏草。
要仔细选择植物的品种以
适应家庭花园的需要，并
呈现持续全年的观赏点。
确保乔木和大型灌木的
种植在关键点位上，有助
于加强花园三个不同部分
之间的区隔。

种植图例

1 杂交岩蔷薇

2 有髯鸢尾 "冰与火"

3 金雀花 "温德珊红宝石"

4 薰衣草 "福尔盖特"

5 木槿 "蓝鸟"

6 红叶柳枝稷

7 轮叶金鸡菊 "萨格勒布"

8 美洲茶 "喜悦"

9 细叶芒

10 宽托叶老鹳草 "布克斯顿"

11 脂粉绣线菊

12 紫叶锦带

13 萱草 "斯塔福德"

14 分药花 "蓝色尖顶"

15 平枝圆柏 "翡翠铺展"

16 百子莲 "蓝巨人"

17 葡萄 "西奥塔"

18 铁线莲 "红衣主教"

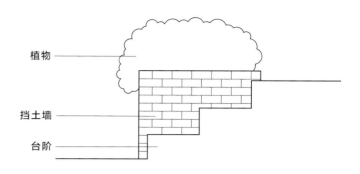

用植物柔化挡土墙

高度超过 60—70 厘米的挡土墙通常由砖块或混凝土砌筑，有时也用石头建造。无论选择哪种材料，最后可能都会形成一大片乏善可陈的墙面。幸好，有许多植物可以紧贴着挡土墙茁壮生长（墙顶的土壤凉爽且排水良好），它们还能在挡土墙的顶部形成拱丘或垂溢的形态，塑造优美的柔化效果。

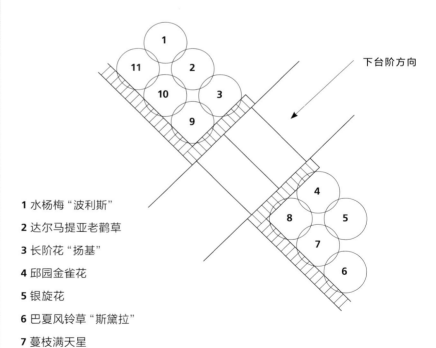

1 水杨梅 "波利斯"

2 达尔马提亚老鹳草

3 长阶花 "扬基"

4 邱园金雀花

5 银旋花

6 巴夏风铃草 "斯黛拉"

7 蔓枝满天星

8 矮生染料木

9 欧洲刺柏 "绿毯"

10 半日花 "樱草色威斯利"

11 灰叶婆婆纳

铺装平台花园

在面积较小的花园里，草坪不太实用，如果你想要一个集玩耍、娱乐和放松于一体的活动区域，铺装平台是更好的选择，它能满足你所有的需求。本方案采用了一个宽敞完整的硬质铺装平台，为了不让它显得平淡乏味，所搭配的植物都是精心挑选的。

案例中的设计要点

✓ 虽然面积很大，但中央平台因其圆形的形状、醒目的地面图案，和对比突出的镶边所带来的变化而颇具吸引力。

✓ 弧形抬升平台带来了高度的变化，在中央平台之外提供了一个更加安静的阴凉处。

✓ 这个设计包含醒目的植物丛与未加分隔的铺装区相协调。

✓ 可移动的长椅方便灵活摆放，既能正式地安排在角落区域，也可以移到开放的中央平台上，用于更多非正式活动。

✓ 烧烤炉和水景都可以纳入花园布局，但不要侵占中央活动空间。

✓ 弧形抬升平台背后还设置了一个储物区，被前者很好地遮挡住。

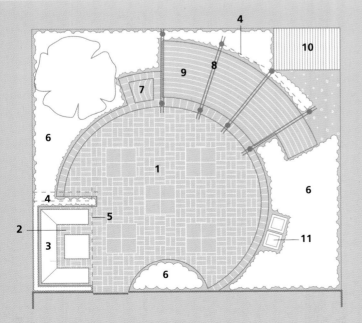

要素图例

1 铺装平台   植物

2 座位区   **5** 可伸缩遮阳篷

3 可移动箱式座椅   **6** 种植区域

4 格栅架屏风和攀缘   **7** 水景

要素的变化搭配

如果你喜欢这个花园的整体设计，但想看看其中的要素还有哪些不同做法，可参考第250—251页的"要素的变化搭配"。

关键要素

动手搭建

花园座椅

这些模块化花园座椅实际上就是简单的带轮箱盒。可以把它们组合在一起，围着桌子摆放，成为正式的座椅，也可以移到花园其他位置，用于非正式场合。箱盒的顶部采用可开合式顶盖，这样内部又能成为储物空间。最后在顶盖上加一层坐垫提高舒适度。

水景

抬高的水景在花园里很有吸引力。把它抬至离地约45厘米高的位置，这样你也能舒服地坐在水景边上。水景宜安排在室内可以看到的位置，最好还有阳光照射，营造波光粼粼的景象。

烧烤炉

嵌入式烧烤炉在建造时可与其他构筑物结合（例如抬升花坛和花园围墙）。烧烤炉不要离用餐的地方太近，还要把它安置在相对开敞的位置，便于通风。

竹制遮阳篷

如果你有时间、有耐心，完全可以自己动手制作竹制遮阳篷，把它们安装在凉亭、廊架的顶部，提供进一步的遮阳保护。

用整条（或劈半）竹子制成的遮阳篷既美观又实用。

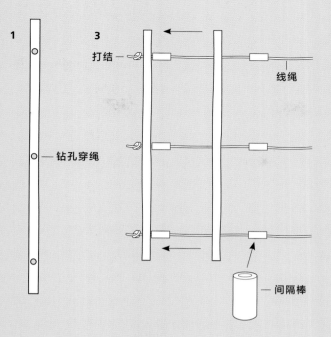

1

钻孔穿绳

3

打结

线绳

间隔棒

4

改变竹竿的粗细以及
间隔棒的长度可以制
造不同的阴影效果

打结收尾

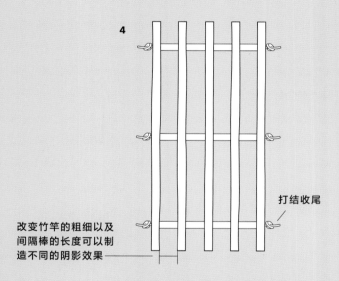

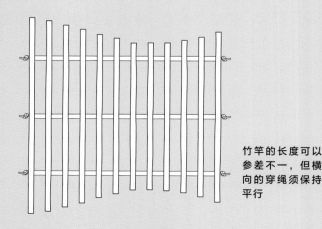

竹竿的长度可以
参差不一，但横
向的穿绳须保持
平行

所需材料

- 竹竿，选择适合的粗细，要足够长，足
  以覆盖遮阳区域的进深
- 木质／塑料间隔棒，预先钻好孔，也可
  用短截竹竿或塑料管代替
- 防腐线绳，最好是黑色、棕色或深绿色

搭建步骤

1 将竹竿锯至所需长度，根据其长度，钻
3—4 个均匀分布的孔，孔的大小刚好足
够线绳穿过。

2 根据遮阳区域的宽度截取线绳的长度，
适当留长一些备用。每条绳对应一个孔，
打大绳结把每根绳子固定在第一根竹竿上
（或者直接系在竹竿上）。

3 每条绳穿入一个间隔棒，然后穿下一根
竹竿。

4 重复这个过程，直到遮阳宽度满足要求。
最后在每条绳的尾端打结固定（或绕在最
后一根竹竿上）。

小提示

- 若用锯子锯竹竿，要戴好防尘面罩。
- 改变竹竿的粗细和竹竿之间间隔棒
  的长短和数量，可以制造不同浓淡
  的阴影效果。
- 通过逐渐加长或缩短竹竿的长度，
  让遮阳篷适配不同形状的场地。

种植设计

案例中选用的植物

本案例所选的植物颇为醒目,其中很多属于观叶植物,用以平衡大面积的铺装地面,与之形成对比。这个种植设计里的花朵是次要的,重点是叶片的形状、颜色、大小和质感。虽然它们营造的整体效果独特出众,但大多数植物都易于生长,并无特殊要求。

种植图例

1 鸡爪茶(格栅架)

2 楤木

3 花叶芦竹

4 金心胡颓子

5 紫叶小檗

6 紫彩马桑绣球

7 金叶美国梓树

8 华南十大功劳

9 菲黄竹

10 蜡瓣花"春紫"

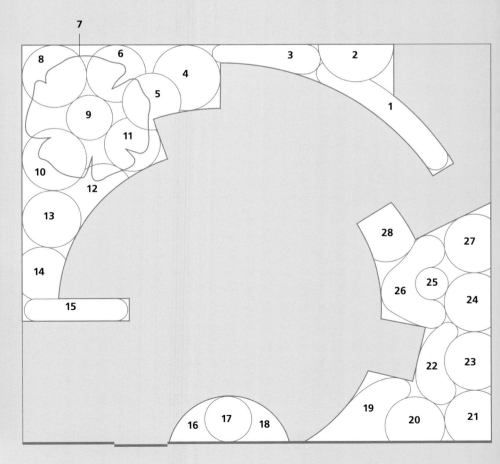

角落种植区

设计角落种植区时，首先要确保所选植物适合那个位置的生长条件——向阳或背阴，潮湿或干燥。除此之外，这些植物还要"够大"，足以遮挡背后的墙壁栅栏，这有助于模糊花园边界，使空间更显宽敞。

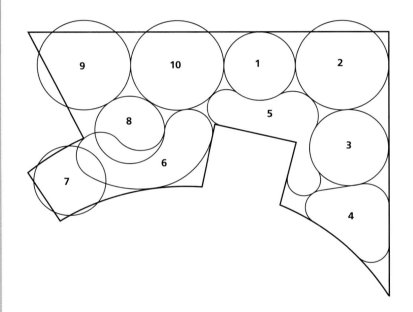

1 悍芒

2 美洲茶 "意大利天空"

3 天目琼花 "欧农达伽"

4 红旗花 "珍妮佛"

5 灌木月见草 "烟火"

6 萱草 "珊米·罗素"

7 白花绣线菊

8 金露梅 "曼尼利"

9 木槿 "蓝鸟"

10 欧洲大花连翘 "林伍德"

屋顶花园

屋顶花园是在城市里创造绿色生活空间的绝佳方式，尤其对于那些没有地面空间来建造花园的公寓住户而言。当然，你也许足够幸运同时拥有两者。也许你的房子本就拥有适合建造花园的平屋顶，也许是为了扩建客厅、车库而增设的屋顶，它们都是很好的契机，可以量身打造一个舒适美好的屋顶花园。

案例中的设计要点

✓ 坚固的屋顶结构，可以承载盆栽的重量

✓ 安全护栏或栏杆

✓ 良好的排水系统

✓ 用于娱乐放松的空间

✓ 用于遮挡或强化视线的植物和构筑物

✓ 仔细挑选耐旱耐涝皮实的植物

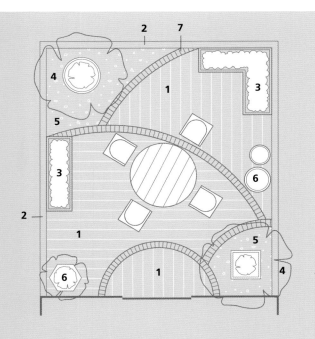

要素图例

1 木平台

2 安全护栏

3 与木平台匹配的木
　质花箱

4 盆栽小乔木

5 砾石或石屑铺地

6 盆栽灌木、宿根植
　物和观赏草

7 砖块镶边

要素的变化搭配

如果你喜欢这个花园的整体设计，但想看看其中的要素还有哪些不同做法，可参考第250—251页的"要素的变化搭配"。

关键要素

盆栽小乔木

只要屋顶结构足够坚固，且后期养护到位，你完全可以在容器里种植乔木，它们能为屋顶花园增添高度和结构感。如果可以的话，最好在容器底部安装脚轮，以便偶尔移动。它们既能遮住不雅观的景物，也可以塑造框景聚焦视线，突出美丽的风景。

木平台

用木平台覆盖屋顶是一种理想的方式。它重量较轻，可以直接铺设在屋顶结构上，只需很少的准备工作。用木板拼成不同的图案，与其他材料搭配，可以创造出规则或抽象的形状，还可用彩色油漆涂刷，增加趣味性。

适合的植物

屋顶花园的植物量不会很大，所以更要保证所选植物是合适的，可以长期观赏。常绿灌木可以全年观赏，许多观赏草不仅在生长期内优雅美观，在深秋和冬季亦能保留金褐色的枯叶和迷人的种头。把小型宿根植物和矮生球根花卉种在大灌木的下方，能在有限的空间里创造最佳的观赏效果。

动手搭建

制作花箱

除非一开始就把屋顶种植区纳入建筑的整体结构，不然我们就只能在容器中种植花草。在市场上可以买到各式花盆、花箱等容器，或者你也可以亲手制作，达到特殊的效果。最好给这些花箱配上脚轮，以便在需要腾挪空间时轻松移动。

用木板制作的花箱，与木平台的风格和色调很搭。

整座屋顶花园使用统一的配色以彰显氛围主题，例如
这座花园的银色、粉色和白色。

所需材料

- 户外木方，截面为 5 厘米 × 5 厘米
- 木板
- 防水胶合板，19 毫米厚
- 小号金属角码
- 螺钉
- 油漆
- 脚轮（可选），使用橡胶轮，并非室内
  家具的脚轮
- 高强度无纺布

搭建步骤

1 先用木方做出箱体框架，用角码和螺钉
固定连接。

2 根据花箱的高度切割木板，用螺钉把它
们固定在箱体框架的四壁。

3 切割胶合板至合适大小，放入花箱，置
于框架的底部。每隔 7.5 厘米的间距钻一
个直径 1 厘米的孔，供排水用。

4 如果需要经常移动，可以在花箱的每个
底角各装一个脚轮。

5 切割与花箱框架顶部相同长度的木板，
转角处 45 度斜切，像画框那样拼起来，
用螺钉把它们固定在花箱顶部。

6 上漆。

7 在花箱的内壁铺无纺布，保护木料不受
潮。填入土壤，开始种植。

必须注意的事项

承重

现有的平屋顶可能没有大负荷承重结构。必须一开始就向专家（例
如建筑师或土木工程师）咨询屋顶花园是否可行。增设任何构筑物
时都应注意承重问题。

安全性

因为是在高处，屋顶花园必须设置安全围挡，防止人员坠落。如果
现有的屋顶围挡不能满足要求，则必须在设计中增设围墙或栏杆。

建设许可

大多数城市地区，特别是有历史建筑的地区，都有各种法律法规对
新建工程进行约束。在前期先确认建设屋顶花园是否被允许，以免
日后被查违规和罚款。

排水

落在屋顶上的雨水不能积存。在建造屋顶花园之前，必须考虑好屋
顶排水的路线和方式，确保新增构筑物不会阻碍排水。

种植设计

案例中选用的植物

由于屋顶花园的植物种在容器或抬升花池里，所以可以为特定植物选择适合的生长介质（例如为杜鹃花和欧石楠准备酸性土壤）。屋顶的植物量有限，除非面积超大，否则几乎不会大量种植，因此更需要精心挑选表现效果最佳的植物，除此之外，它们还应具备以下某些特点：

- 叶片常绿
- 抗风能力强
- 耐热耐干旱
- 花期持久
- 叶片或植株形态有特点
- 适合盆栽生长

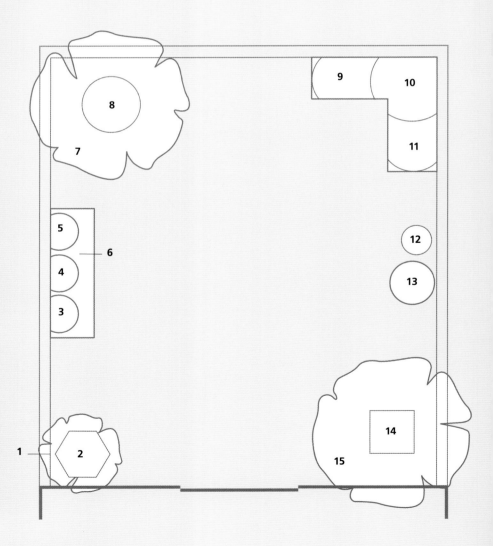

种植图例

1 金叶欧洲山茱萸

2 紫色番红花

3 薰衣草"希德科特"

4 柔软丝兰

5 薰衣草"希德科特"

6 无毛小叶栒子

7 湖北花楸

8 金边小蔓长春

9 短筒倒挂金钟"斑斓"

10 金心胡颓子

11 匍枝欧洲刺柏

12 阔叶莨力花

13 悍芒

14 大西洋常春藤

15 花叶复叶槭"火烈鸟"

另一套种植方案

（以紫色和金色为主色调）

1 紫叶小檗

2 矮生洋水仙

3 紫叶里文堇菜

4 薹草"月光"

5 紫芒

6 金光菊"金色风暴"

7 紫叶梓树

8 金叶过路黄

9 金露梅"伊丽莎白"

10 紫叶细叶海桐

11 金叶鹿角桧"金色海岸"

12 银叶蒿"鲍维斯城堡"

13 新西兰麻"夕暮酒"

14 紫叶匍匐筋骨草

15 金叶复叶槭"凯利黄金"

确定花园的色彩体系

若是在大花园，既可以用一种颜色支配整个花坛、整片花境（例如全是黄色或蓝色的植物），也可以把种植区划分为若干相连的小块区域，"一区一色"的效果特别好。但面对小花园，我们很难分割空间，在这种情况下若采用单色种植就会显得色调过于强烈和单调，相反，使用两三种互补色的搭配效果更好。别忘了还要把硬质景观的颜色考虑进来，例如木板和花箱（它们的颜色相对容易改变）。

无论选择哪种色彩作花园的主色调，都可以加入白色和银色的植物，它们不仅能很好地衬托其他色彩，还能平衡深色的植物组合。

通常情况下，屋顶边缘位置的结构最稳固，可以把较重的盆栽和构筑物放在这里。

芳香花园

在设计花坛花境时，植物的视觉吸引力（花朵叶片的形状、颜色和质感）往往优先于另一个属性——气味。但具有芳香花朵或叶片的植物能为花园增添许多欣喜。注意不要把两种芳香植物种得太近，以致它们各自的香气无法被很好地识别。

案例中的设计要点

✓ 奇妙的布局形状——圆形铺装区和方形草坪的组合，吸引人们到花园中漫步，体验一连串令人愉悦的香气。

✓ 全年任何时节，花园中都有芳香植物可供欣赏。

✓ 精心的种植安排，避免不同香气之间的冲突，使每种芬芳都能被单独欣赏。

✓ 用墙体（或其他坚实屏障，如围栏或树篱）将花园包围起来，有助于形成庇护，还能抵挡强风，避免香气被吹散。

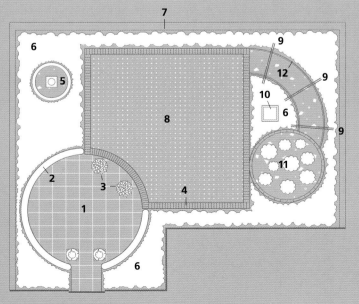

要素图例

1 向阳铺装平台

2 薰衣草矮篱

3 一年生盆栽花卉

4 红陶瓦片草坪镶边

5 扇形砖镶边圆形地块、碎石板铺地和鸟浴盆

6 花境种植

要素的变化搭配

如果你喜欢这个花园的整体设计，但想看看其中的要素还有哪些不同做法，可参考第250—251页的"要素的变化搭配"。

关键要素

草坪镶边

草色纯粹的草坪在规则式和几何式花园里作用巨大，它们需要展现出清晰的边缘才能达到最佳视觉效果。为了实现这一目标，我们可以用地砖、瓦片或石板勾勒出草坪的边缘。这条镶边不仅能强化草坪的形状，避免边缘"破碎"，还能让修剪草坪变得更加容易。

镶砖圆形地块和鸟浴盆

鸟浴盆等装饰品很吸引人，为了突出它们，可将其放置在碎拼石板或砾石铺地的"基座"上，再用扇形砖围出一圈镶边。或者，用天然石板或地砖铺设这片小区域，并在周围种植低矮的宿根植物或矮小灌木，柔化硬质铺装的边缘。

月季拱门

种有攀缘月季的拱门在任何风格的花园里都是引人瞩目的焦点。把它安排在阳光充足的位置，你可以在下面一边散步一边细嗅月季的花香。选择的月季品种要适合拱门的大小，还要确保拱门足够宽，避免通行时被月季的刺划伤。

草坪的形状

草坪的形状主要取决于花园的风格和主题。非规则式花园可能以不规则但柔和的曲线形草坪为最佳，而规则式花园更适合直线轮廓或形状对称的草坪。

圆形草坪的边缘留有大量种植空间，这些植物一旦成型，花园便成为与世隔绝的小天地。

圆形还是正方形？

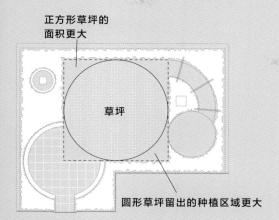

正方形草坪的
面积更大

草坪

圆形草坪留出的种植区域更大

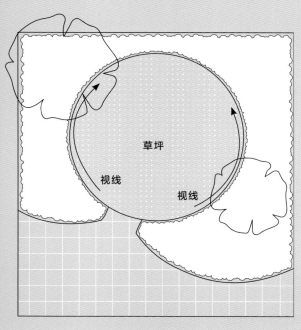

草坪

视线

视线

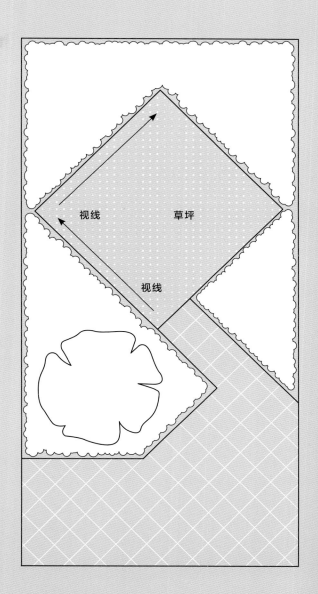

草坪

视线

草坪

视线

用于正方形花园

- 圆形草坪可以引导视线，避开正方形场地的直角和边线，塑造更生动有趣的空间形状。
- 在相同的景深下，圆形草坪比正方形占用的面积更小，能为种植和其他设施留出更多空间。

用于狭长的花园

- 在狭长的花园里，把正方形草坪斜转 45 度的效果很好，它能引导视线沿着斜对角线伸展，缓解狭长地块的局促感。
- 正方形创造的可用草坪面积更大。
- 正方形草坪比圆形草坪更容易修剪，尤其是小面积草坪区域。

种植设计

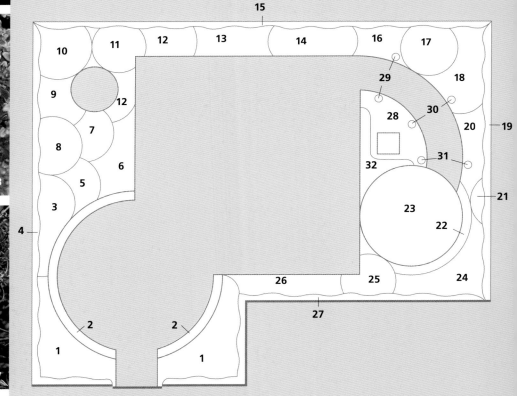

案例中选用的植物

这个种植方案里的植物具有柔和的色彩和质感，同时也具备稳定的结构感，在整个冬季都能保持观赏性。种植设计中，香味的程度因植物而异，其中有些植物的香气很浓郁（例如香忍冬），能传播得很远，其他植物的香气则更低调含蓄(例如福禄考)，宜近距离感受。

还有些植物并无明显的花香，但其叶片香气也很有吸引力（例如鼠尾草和百里香），欣赏时宜轻轻揉搓使其香气散发。特别是向阳平台的周围，用薰衣草矮篱环绕，并有意识地把香草植物盆栽放在座椅附近，方便用手触碰。

种植图例

1 冬青叶十大功劳"斯玛雷杰"

2 薰衣草"希德科特"

3 野扇花

4 紫藤"蓝宝石"（墙面）

5 欧洲百合

6 厚叶福禄考"面包师"

7 紫叶鼠尾草

8 管花木樨

9 大百合

10 十大功劳"慈善"

11 杜鹃"金光"

12 金叶旋果蚊子草

将长椅设计在芳香灌木（如图中的金叶欧洲山梅花）旁，成为一处弥漫着可爱香气的私密休息区。

芳香植物的选择

夏季有很多的芳香植物，但进入冬季后，芳香植物的选择就没那么多了。值得花些心思挑选一两种耐寒的芳香植物，把它们种在你冬季时经常光顾的地方，例如靠近门口的位置。

耐寒芳香藤本选例

- 小木通和卷须铁线莲
- 素馨、多花素馨和淡红素馨
- 香忍冬、米诺卡忍冬和金银花
- 藤本月季"艾伯丁""瑟菲席妮·杜鲁安""高威·贝"和"保罗柠檬柱"
- 络石藤
- 紫藤

耐寒芳香灌木选例

- 蜡梅
- 墨西哥橘
- 瑞香
- 郁香忍冬和颇普忍冬
- 十大功劳
- 木樨
- 山梅花
- 野扇花
- 丁香
- 鲍德南特荚蒾、红蕾荚蒾和红蕾雪球荚蒾

砾石地盆栽花园

出于某些原因，有些植物不能在地面上直接种植。最理想的解决办法是把植物种在容器里，再摆放到花园需要植物呈现的位置上，并用富有观赏力的铺地材料覆盖花园地面。

案例中的设计要点

✓ 出色的植物组合，兼具色彩、形状和质感的变化。

✓ 种在大容器里的小乔木和大灌木，为花园带来体量感和结构感。

✓ 用砾石、石屑或其他碎粒材料覆盖花园其余部分，盖住不好看的地面，使其平整雅观。

✓ 拱门增添了高度感，如有必要，可用角码将其立柱固定在混凝土基础上。

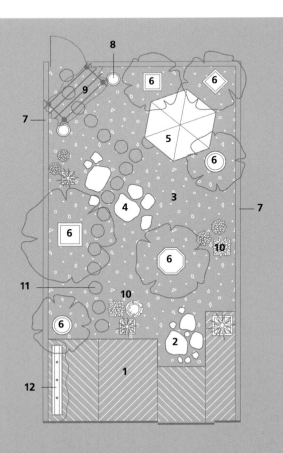

要素图例

1 架高木平台组块

2 岩石喷泉水景

3 砾石、卵石和碎石铺地

4 石块组景

5 遮阳伞和长椅

6 盆栽小乔木 / 大灌木

7 边界围墙

8 盆栽攀缘植物

要素的变化搭配

如果你喜欢这个花园的整体设计，但想看看其中的要素还有哪些不同做法，可参考第250—251页的"要素的变化搭配"。

关键要素

遮阳伞

虽然我们可以在大型容器中种植树木，但它们的体量也许无法带来足够的阴凉。因此，在炎热向阳的花园里，你需要一把遮阳伞，尽可能让它与其他花园家具的风格相匹配。随着季节的变化，你可以重新安排花盆、座椅和遮阳伞的位置，顺应光线的变化。

木平台

用可移动组块拼接木平台，使它更容易组装，也大大地增加了灵活性，你可以不时地改变平台布局，或增加模块扩展平台空间。不要忘记在铺设之前用厚实的黑色无纺布盖住下方地面，防止杂草从底下长出。

盆栽组景

小盆栽组合在一起更好看，大盆栽独立摆放效果更好。为了保护陶土花盆不被冻裂，冬季时要把它们存放到干燥的地方——如果条件不允许，可将陶土花盆架高，离开潮湿的地面，并在盆口涂抹防水剂。

动手搭建

组块化木平台

在现有硬质地面上，用若干个模块组件建造简易的平台，你可以按照心仪的样式排布组块，如果需要扩大平台面积，还可以增加组块的数量。

每个组块的尺寸不要太大（比如1.8米×1.2米），这样一两个人可以轻松抬动它。

用木板制成易操作的组块，方便安装施工，也增加了灵活性。

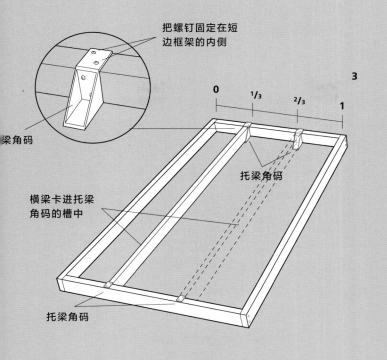

把螺钉固定在短
边框架的内侧

梁角码

3

0   1/3   2/3   1

托梁角码

横梁卡进托梁
角码的槽中

托梁角码

所需材料

- 户外木方，截面 5 厘米 × 10 厘米，用于边框和横梁
- 木板（适合的长度）
- 可以卡接 5 厘米木梁的托梁角码（从建材商处购买）
- 石板
- 螺钉和钉子

搭建步骤

1 截取 1.8 米和 1.2 米木方各两段，用螺钉或钉子固定连接，制成一个简单的长方形框架。

2 在框架的短边三等分处做标记，把托梁角码钉在 1/3 和 2/3 处的内侧面。在另一个短边上重复上述做法。

3 截取两条木方做横梁，使其刚好可以卡进两端的托梁角码中，这样框架就做好了，由四根平行的长木方和两根短木方组合而成。

4 切割木板，长度与框架的宽度相同，将其平行地钉在框架上。木板之间留出 4—6 毫米的缝隙，便于排水和移动。

5 你现在有了一个可移动的平台组块，可以把它放在混凝土或柏油地面上。底部垫薄石板架高，保持整体水平稳定。每个角下面至少要有一片石板，以确保框架抬离地面，避免受潮损坏。

6 如果想把两个组块连接到一起，先从组块上拆下几条木板，再用螺钉螺栓把两个组块的边框连接固定，最后把拆下的木板钉回去。

4

用螺钉/钉子把木板
固定在框架上

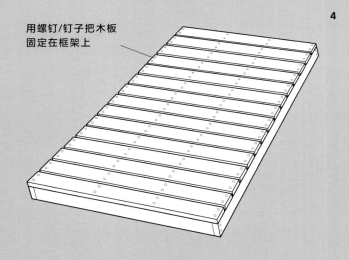

组块1   组块2   **6**

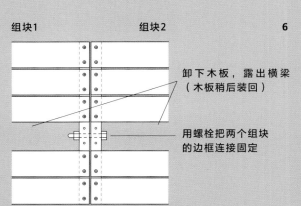

卸下木板，露出横梁
（木板稍后装回）

用螺栓把两个组块
的边框连接固定

种植设计

1

10

17

20

案例中选用的植物

这里所选的乔木和大灌木必须适合在容器中生长，还要展现体量感和高度感。宿根植物和观赏草搭配较小的容器效果更好，所选品种也都能在盆栽中茁壮成长，把它们组成小群，而非孤立放置。因为植物的数量较少，所以每一棵都要挑选体量最高大者。

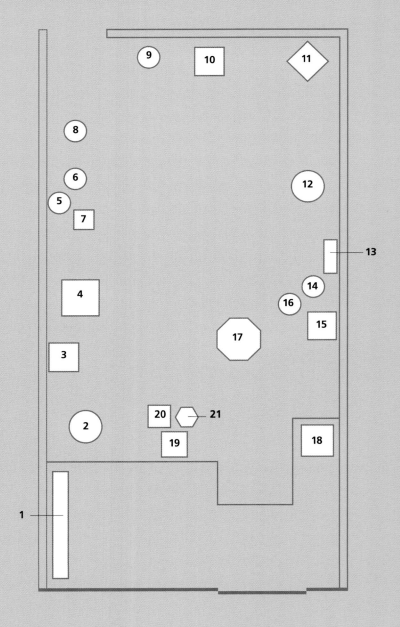

搭配盆栽组合形成不同效果

把几种盆栽植物搭配在一起，能形成出色的整体效果。切莫随意"堆放"，你要遵循和地面种植相同的原则——低矮、柔软、丘状和蔓生的植物放在前排，高大、挺立的植物放在后面。还要记住，给每棵植物留出足够的空间，使其自然生长，不要被周围植物压迫。

观叶植物盆栽组合

1 大花四照花"彩虹"

2 银叶蒿"鲍维斯城堡"

3 菲白竹

4 紫叶矾根

5 玉簪"宽边"

6 金线柏

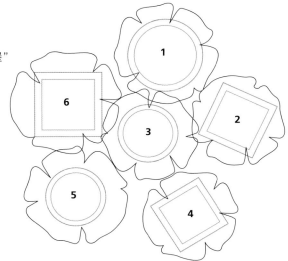

灰蓝色调盆栽组合

1 朝鲜冷杉"银卷"

2 岷江蓝雪花

3 百子莲"蓝巨人"

4 银旋花

5 薰衣草"孟士德"

6 杜鹃"蓝雀"

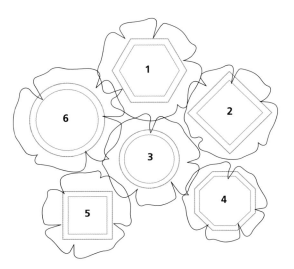

生态花园

随着自然栖息地的缩减，许多鸟类、昆虫、两栖动物和小型哺乳动物开始将"花园"作为食物的来源和庇护所，甚至是繁衍生息的栖息地。无论城市还是乡村，花园中的植物和构筑物对野生动物有着潜在的吸引力，但由于数量较少，且彼此分散孤立，除了偶尔来访的动物之外，它们发挥的作用有限。

案例中的设计要点

✓ 连成片的乔灌木林带提供了一条稳定存在的生态走廊，对鸟类的作用尤其明显。

✓ 所选树木品种非常适合筑巢和栖息。

✓ 地面层的一系列植物为较小的鸟类、哺乳动物和两栖动物创造了庇护环境，并全年提供食物来源——花粉、种子和果实。

✓ 人工创造的小型栖息地环境能吸引许多野生动物。

✓ 为两栖动物、哺乳动物和小型鸟类预留"越冬住所"。

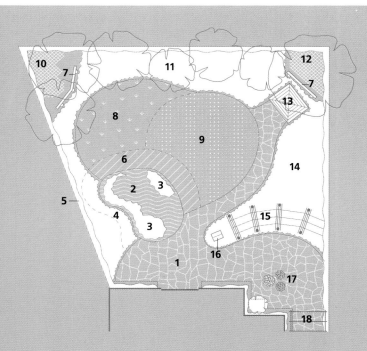

要素图例

1 拼石平台   6 湿沼草甸

2 池塘   7 原木屏风

3 水岸植物群   8 草甸

4 湿地花园   9 草坪

5 栅栏围墙   10 两栖动物冬眠区

要素的变化搭配

如果你喜欢这个花园的整体设计，但想看看其中的要素还有哪些不同做法，可参考第250—251页的"要素的变化搭配"。

喂鸟装置

对于鸟类（还有小型哺乳动物）而言，喂食装置能让觅食变得简单，尤其是在冬季。把这个装置设计成观赏点，放在能从室内观察到的地方，这样在恶劣天气里也能欣赏到。喂食装置不要设计得太封闭，以便鸟儿有足够的逃生空间，躲避捕食者（例如猫）的攻击。

各类栖息地环境

这个生态花园的最终目的是创造和维护一系列"栖息地环境"，以吸引和容纳各类野生动物。这些"栖息地"包括池塘、林地、草甸和动物冬眠区。当然，花园的设计也应从人类使用的角度思考，让它既美观又实用。

湿地花园

湿地花园中的植物（如玉簪、落新妇、鸢尾等）通常与池塘和溪流有关，但即使没有天然水体，你也可以创造湿地花园——在场地内天然汇水的潮湿位置进行种植，或通过埋入池塘垫布让这个区域的土壤保留水分，变得潮湿。

创造生态池塘

池塘不需要特别深（除非要养鱼），但至少要有一个较深的水域——大约90厘米深——以便种植更多类型的水生植物。增加的水量还有助于避免较大的温差波动，防止绿藻泛滥。

池塘为许多野生动物提供了良好的栖息地，例如青蛙、蝾螈和蜻蜓。

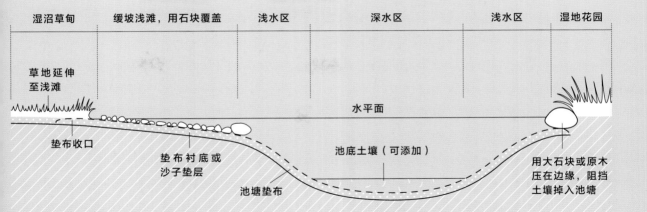

| 湿沼草甸 | 缓坡浅滩，用石块覆盖 | 浅水区 | 深水区 | 浅水区 | 湿地花园 |

草地延伸
至浅滩

水平面

垫布收口

垫布衬底或
沙子垫层

池底土壤（可添加）

池塘垫布

用大石块或原木
压在边缘，阻挡
土壤掉入池塘

挖掘池塘时，至少要有一部分池岸是缓缓倾斜下沉的。缓坡可以方便青蛙、蟾蜍和其他两栖动物在繁殖季节进出池塘，也能方便鸟类和小型哺乳动物在此饮水和洗澡。

用大大小小的石头和砾石覆盖浅水区，这样即便水位下降，也不会露出难看的池塘垫布。

维护生态花园

- 在鸟类开始筑巢之前，于冬末修剪乔木、灌木和攀缘植物。

- 进入秋季后，不要清理枯萎的宿根植物和观赏草，它们是许多昆虫过冬的庇护所，干枯的种头也能为鸟类提供食物。

- 把修剪下来的乔灌木和针叶树枝条转移到动物冬眠区（动物们用来搭建庇护所）。

- 把砖头和其他大块材料堆成矮堆，作为两栖动物冬眠区的基础（对蜗牛也同样适用）。

- 早春时再清理枯萎的宿根植物和观赏草，留下一小堆细小干燥的枝叶，

供鸟儿筑巢用。

- 不要在花园里使用化学制品，野生动物群落一旦形成，会有效地控制许多虫害，例如蚜虫和蛞蝓。

- 细叶观赏草和野花需要的养分很少，所以不用给草甸施肥，那样做只会让粗叶杂草疯长，泛滥的杂草会挤压前者的生存空间。

- 将干枯的树叶堆放到树下隐蔽的地方，小型哺乳动物可能会在叶堆上搭窝。

- 建立堆肥点，促进蠕虫和其他有益生物的活动。

草类植物的种头，在冬季为鸟类提供食物来源。

种植设计

案例中选用的植物

这些植物的选择兼顾了美观性和野生动物的需求。乔木和大灌木塑造了基本的种植框架，宿根植物、观赏草和攀缘植物作为辅助，使形态、色彩和质感呈现变化。种植的规模和密度完全遮盖了花园的边界，有助于创造安静又隐蔽的空间氛围，这正是野生动物需要的。

种植图例

1 平枝栒子（贴墙）

2 布克木樨

3 小木通（贴墙）

4 火棘"莫哈维"

5 薰衣草"孟士德"

6 金叶常春藤"黄油杯"（墙面格栅架）

7 山葡萄（栅栏）

8 光叶牛至"赫伦豪森"

9 岩白菜"冬日童话"

10 旋果蚊子草

11 欧洲荚蒾

12 齿叶橐吾"戴斯蒙那"

13 山荷叶

14 针茅

15 扁桃叶大戟

16 欧洲赤松

17 蛇麻

18 栓皮槭

19 桂樱"扎贝里纳"

20 聚合草"粉色希德科特"

21 冬绿金丝桃

22 单子山楂

23 欧榛

24 北美乔柏"泽布利那"

25 香忍冬

26 垂枝桦

27 小蔓长春

28 冬青叶十大功劳

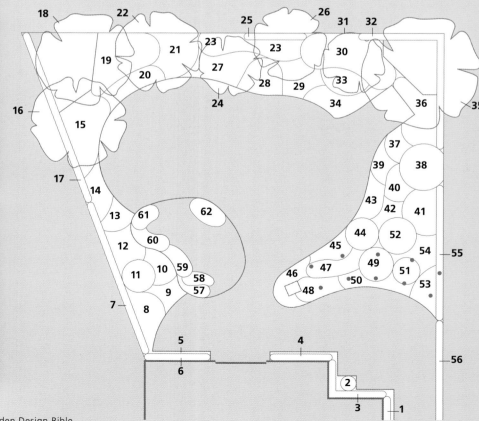

湿地花园

湿地不总是出现在开放的水体附近（比如溪流和湖塘），也存在于草甸低洼处和高原荒地上。如果你想创造湿地花园，也并不一定要建在池塘边——若花园里刚好有一块长久潮湿的区域当然最好，没有也无妨，它并不是必需的。

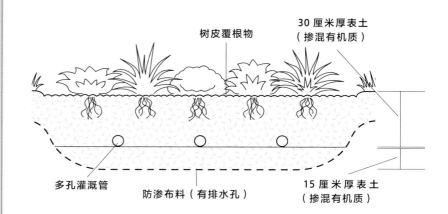

所需材料、搭建步骤等示意图，图中标注：树皮覆根物、30厘米厚表土（掺混有机质）、多孔灌溉管、防渗布料（有排水孔）、15厘米厚表土（掺混有机质）

所需材料

- 防渗布料，如池塘垫布或高强度无纺布
- 干净、厚实、无杂草的土壤
- 改良土壤用的有机质
- 多孔灌溉管及连接件，以备在长期干燥的气候中补充土壤含水量（可选）
- 适宜的植物

搭建步骤

1 为湿地花园选定位置，最好是场地内天然形成的低洼处，在地面上标出其形状范围。

2 把这个区域内的杂草、草坪、植被和杂物清理干净。

3 挖坑，深度约45厘米，将表土和底土分开堆放。

4 在防渗布上打孔，间隔约15厘米，以便排水。虽然土壤须保持潮湿，但不能变成积水状态。

5 将防渗布铺在坑中，回填约15厘米厚的表土，并掺入大量有机质。

6 将多孔灌溉管以蛇形方式铺设在这一层的顶部，留出一端，使其高于地面，以便与水管和水龙头连接。另一端密封住。

7 回填剩余表土，并掺入有机质。如果土壤过于黏重，可加粗沙或砂砾进行改良，增加透水性。

8 摆放植物，确定点位，开始种植。

下沉花园

抬升花床是实用又美观的构筑物，它能带来水平高度的变化，同时将植物（特别是矮生品种）抬升到适于观赏的高度。作为这一主题的变体，本例中的花园围绕着下沉式草坪展开，当你站在草坪上，花园其余部分实际上就是抬升的花床。

案例中的设计要点

✓ 中央下沉草坪区创造了有趣的高度变化，沿着台阶向下进入草坪，又在远端再次抬升到地面。

✓ 高差变化加强了花园每个区域之间的分隔与过渡。

✓ 远端设置一处围合的私密平台区。

✓ 传统风格的草本种植区，配合茂盛的乔灌木树丛，与规则的硬质空间形成强烈对比。

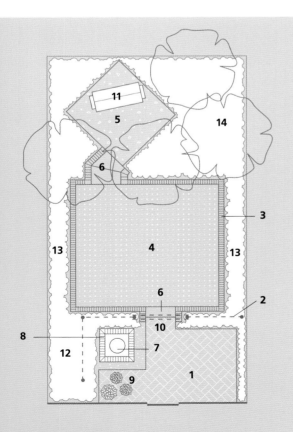

要素图例

1 休闲平台（红砖人字铺装）

2 格栅架屏风

3 矮挡土墙

4 下沉草坪区

5 乔灌木丛中的空地平台

6 台阶

要素的变化搭配

如果你喜欢这个花园的整体设计，但想看看其中的要素还有哪些不同做法，可参考第250—251页的"要素的变化搭配"。

关键要素

绿白色系种植区

以色彩为主题的种植设计很适合在小空间里创造氛围感。绿色和白色的组合让这个区域看起来很"清凉"。如果想要更"温暖"的氛围，可使用粉色、橙色和高饱和的黄色。在硬质构筑物和户外装饰品上也可贯穿主题色彩，与植物景观形成呼应，效果更加出色。

雕塑

仔细地安排雕塑出现的位置，确保在重要视角下可以观赏到。雕塑宜配底座，简单如一块平石亦可，坐落在低矮的植物丛中。浅色的雕塑宜配深色的常绿植物作背景，而深色的雕塑需要良好的光线照明，以浅色背景作衬托更佳。

盆栽香草植物

像对待其他盆栽植物一样对待香草盆栽，定期浇水、施肥、修剪和换盆。把它们放在靠近厨房和休闲平台的位置，方便随手采摘。香草植物分喜阳和喜阴两类，根据习性分别放置，令它们在理想的环境中生长。

设计细节

下沉花园的土方工程

- 轻质的沙质或碎石质土壤排水迅速，很少出现积涝，较重的黏土会吸收大量水分，导致排水迟缓。在全年最潮湿多雨的季节，在地面上挖一个"试验坑"，坑的深度即预想的下沉区域的深度，看看坑中是否有水渗出——如果有的话，就需要安装排水系统了，以避免下沉花园变成水坑。

- 挖掘和运输土方的工作量很大，费用也很高。可以在花园中设计一些抬升的地块，这样可以把挖出的土方原地消化掉。

- 如果下沉地面需要种植（或铺草坪），则要确保土方挖掘完成后仍有足够深的土壤厚度。这是一个相当复杂的工程，你需要先剥离原本地面的表土，然后挖掘土方，形成下沉区域，最后在新的地面上回填原有表土，厚度须满足种植要求。

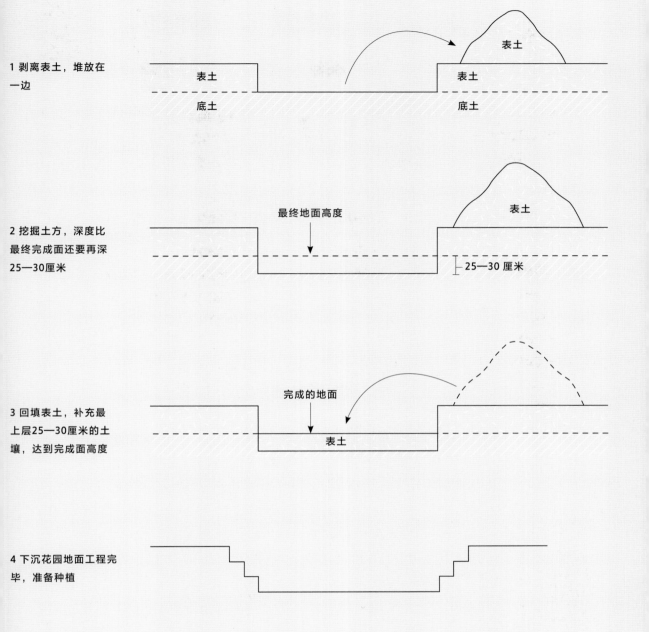

1 剥离表土，堆放在一边

表土

底土

表土

底土

2 挖掘土方，深度比最终完成面还要再深25—30厘米

最终地面高度

表土

25—30 厘米

3 回填表土，补充最上层25—30厘米的土壤，达到完成面高度

完成的地面

表土

4 下沉花园地面工程完毕，准备种植

下沉式闲坐区

如果想制造高差变化，但受条件所限不能设计抬升花床（例如紧贴房屋外墙，不能太潮湿）。可以换个思路，创造一个吸引人的下沉空间，供人闲坐休息。

种植设计

案例中选用的植物

植物可以在花园的每个部分创造不同的氛围。在平台周围，灌木、攀缘植物和宿根植物的组合营造出绿白色系冷静克制的主题，突出了常绿叶片的表现。相较之下，下沉草坪区的两侧是传统的、易于打理的宿根植物和攀缘月季组合，在夏季呈现鲜艳的色彩。再到最远处的抬升平台，气氛又发生了改变，成片的自由式种植——乔木、大灌木、竹类和宿根植物——呈现自然的氛围，突出了植物的形态和叶片的细节。

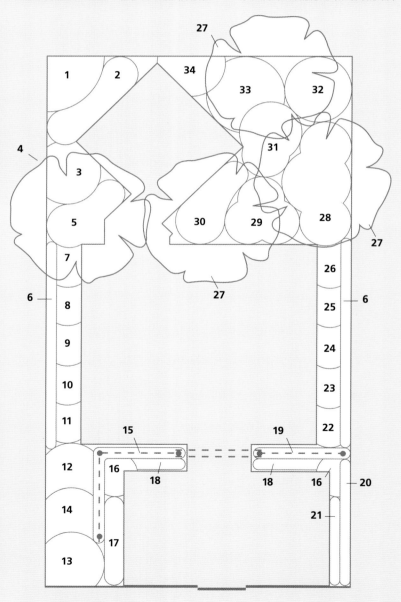

皱叶剪秋罗的花朵呈艳丽的火红色，最适合点状分布。

家有儿童的种植调整

虽然植物的外观和相互间的搭配是花园的主要观赏点，但如果家里有小孩子，也必须考虑植物是否"安全"。这个花园里的植物大多是安全的，但有几处可能需要调整：

- 埃比胡颓子有刺，虽然不像月季的刺那么尖，但它经常藏在革质的常绿叶子后面——如果有顾虑的话，可用大叶女贞"辉煌"代替。

- 圆苞大戟"火光"在茎叶受损时会从伤口流出刺激性汁液——可用皱叶剪秋罗代替。

- 如果误食了苞叶大黄可能会损伤儿童胃部——用山荷叶替代，效果也很出色。

- 攀缘月季"艾伯丁"靠着边墙生长，枝叶悬在挡土墙上方，但它有刺，可能会划伤儿童——可替换成铁线莲"仙后"。

- 竹叶鸡爪茶是一种攀缘植物，茎上有很多刺，会导致娇嫩的皮肤出现皮疹——同为常绿攀缘植物的加拿利常春藤"马伦戈的荣耀"是很好的替代者。

- 金叶华中悬钩子是一种引人注目的植物，但它的茎和叶上都有恼人的钩状刺——相较之下，金叶风箱果要温柔许多。

- 络石在断枝处会流出乳白色胶质汁液，具有刺激性——大花素馨没有这种顾虑，且具有同样迷人的香气。

围墙花园

无论你的花园围墙是有着几百年历史的石墙，还是新砌的砖墙，它们都有很强的观赏性，还会与其他花园要素（尤其是栽种物）相互作用形成组合效果。在这个案例中，围墙是花园结构的主要元素，将其设计为规则的方形，与圆形草坪还有自然柔和的植物姿态形成对比，使眼睛无法确定场地的真正形状，从而意趣横生。

案例中的设计要点

✓ 精心设计的围墙是花园重要的造景元素，它本身充满丰富的细节，只需极少的墙面装饰。

✓ 墙体能提供坚实的分隔感和私密感，比起其他边界形式，墙体能更有效地阻隔噪声。

✓ 许多花园要素都可以依托墙面布置，比如蔓生植物盆栽和壁龛式座椅。

✓ 贴墙生长的攀缘植物和灌木提升了种植结构的高度。

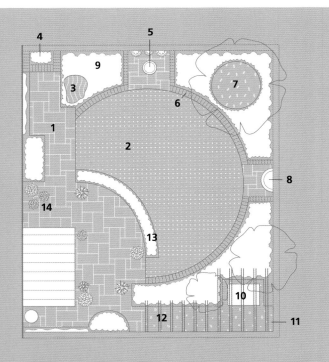

要素图例

1 天然石材铺装平台
2 草坪
3 不规则小池塘
4 抬升花床
5 雕塑
6 垒石花坛侧边
7 圆形休息区（原木围边，树皮铺地）

8 壁挂式水景

9 种植区域

10 储物间

11 砾石园路

12 廊架（跨在园路上）

13 矮绿篱

14 植物盆栽

要素的变化搭配

如果你喜欢这个花园的整体设计，但想看看其中的要素还有哪些不同做法，可参考第250—251页的"要素的变化搭配"。

关键要素

壁挂式水景

壁挂式水景在旧石墙或旧砖墙上特别好看，可以把它安排在座椅旁边，也可以充当视觉焦点，从不同角度欣赏它。

天然石材铺装平台

平台是户外放松娱乐的重要区域，天然石材是铺设平台的绝佳材料。它们有很多颜色，可根据花园的整体风格仔细挑选。暖色调石材（例如浅黄色或奶油色）更适合不规则式设计，配以色彩柔和的宿根植物会很好看；而蓝色、灰色等冷色调石材，在规则式设计中表现更佳，例如在棱角分明的黄杨绿篱旁边。

树下圆形休息区

一些落叶树脚下的区域往往是光秃秃的，很难种植其他植物。我们可以用原木或旧砖在地面上围成一圈，把它变成一处有趣的圆形空间。用树皮或砾石覆盖裸露的土壤，再放上几把椅子，便成了夏天完美的乘凉处。

设计细节

充分利用墙面

除了支撑攀缘植物和贴墙灌木生长外，墙面还可以呈现许多精彩的细节和设计，为花园增添趣味。

上图：素色墙壁是精致花朵叶片的绝佳背景。

右下图和右上图：利用墙壁和其他立面展示小盆栽、装饰品和壁挂式水景。

施工建造难度

总的来说，建造这座花园需要相当高的技术水平，你可能需要雇用专业人员完成一些高难度工作，比如砌墙、立墩和石材地面铺设。这里的硬质景观成本较高，主要花在天然石材和橡木廊架上。植物的花费处于正常水平，大多数都很容易买到，只有几种需在专门苗圃购买。花园的主要构筑物及其建造难度如下：

- 运用不同颜色、质地的砖块或石块，或用砖石砌出不同的图案，使墙面本身成为吸引人的景观。
- 刷涂料盖住不雅观的墙壁，光洁统一的墙面能为植物提供良好的背景，也能营造更大的空间感。
- 绘制墙画、彩绘，让墙面充满个性。
- 新砌的墙壁上可以开凿壁龛，用于收纳座椅、摆放展示架，还可以陈列盆景——壁龛的造型可以成为一切墙面饰品的框架，如同浮雕效果。
- 如果空间有限，可用壁挂式水景创造视觉焦点。
- 可将花盆高高低低地挂在墙上，随季节更换时令一年生和小型宿根植物，维持长久的观赏效果。
- 安装照明灯具，展示平面装饰品

（如青铜面具、雕塑、陶瓷盘等）。

- 在墙体上安装嵌入式照明灯具，即挖掉部分砖块，把盒型灯具嵌入墙体；或者在壁龛的顶部安装隐藏式灯具，使气氛灯射在墙面上。
- 在墙上面安装镜子，制造镜像让花园显得更大。
- 靠着墙面设计抬升花床，在水平方向上制造高度变化（先检查墙体是否有防潮需求）。

- 砌墙——高难度
- 廊架石墩——高难度
- 石材铺装——高难度（砂浆固定）、中高难度（细沙填缝）
- 橡木廊架——中高难度
- 花坛侧边——中等到中高难度
- 壁挂式水景——中高难度（取决于能否绕到墙的背面操作）
- 原木围边——中等难度
- 植物栽种——中等难度
- 草坪铺设——中等难度

种植设计

案例中选用的植物

墙体创造了良好的小气候，让灌木、宿根和攀缘植物
受益其中，柔和的色彩和质感与天然石材完美映衬，
给人一丝复古的情调。

种植图例

1 橘红灯台报春

2 西伯利亚鸢尾"热带之夜"

3 落新妇"精神"

4 金叶旋果蚊子草

5 杜鹃"直布罗陀"

6 九龙环

7 粗齿绣球"蓝鸟"

8 台尔曼忍冬

9 假升麻

10 布纹吊钟花

11 羽衣草

12 杂交银莲花"奥诺·季伯特"

13 杜鹃"康宁汉腮红"

14 杂交樱花"玫红十月樱"

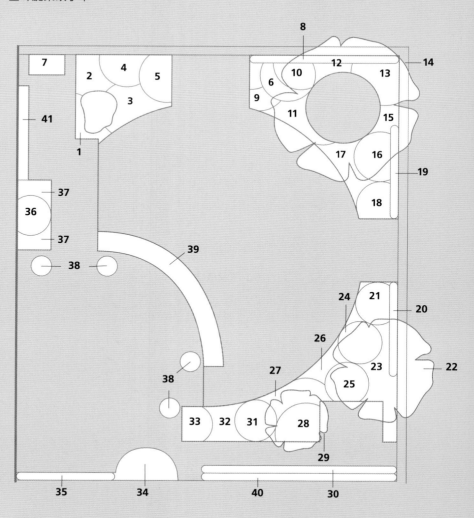

用立柱牵引攀缘植物

攀缘植物刚种下的头两年，园艺师们会使用钉子、铁丝、绳子和夹子等工具把攀缘植物牵引到立柱上，直到它们生长成型。下面就介绍一种操作方法，将攀缘植物和立柱很好地绑定，直到它们长高到拱门或棚架的顶部，那时它们就不再需要立柱支撑，可以独自站立了。

所需材料

- 镀锌铁丝，截面直径大于 1.5 毫米
- 镀锌环钩，钩孔直径 1—1.5 厘米，总长度至少 3 厘米
- 柔软的园艺麻绳（不要太细）
- 钳子

操作步骤

1 在方柱四个侧面的顶端和底端都钉入环钩（共 8 个），位置距离端头约 5 厘米。如果是圆柱，每端四个环钩的间距大致相等。

2 在每个侧面的两个环钩之间拉铁丝，用钳子将其在每一端多缠几圈，尽量拉紧，然后把多余部分剪掉。

3 种下攀缘植物。

4 取一段 15—20 厘米长的麻绳，紧紧缠绕在铁丝上，打一个单结（见右图），得到两个长度大致相等的绳段，固定在铁丝上，避免上下滑动，将它们绕过攀缘植物的茎干，在需要的位置上进行绑定。直到攀缘植物可以独立站立之前，不要拆除绑定。

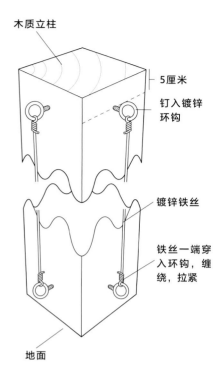

木质立柱

5厘米

钉入镀锌环钩

镀锌铁丝

铁丝一端穿入环钩，缠绕，拉紧

地面

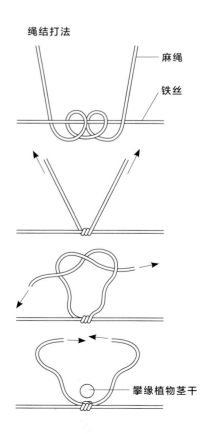

绳结打法

麻绳

铁丝

攀缘植物茎干

直线角花园

"直线"和"直角"的造型与规则式花园的渊源很深，但我们也可以用完全不同的方式呈现它们，创造别具一格的花园空间。

要素图例

1 木平台

2 石板铺装

3 抬升花坛

4 廊架

5 草坪

6 遮阳伞

7 砖块铺地

8 细窄花境

案例中的设计要点

✓ 较狭长的花园场地被廊架、抬升花坛和薰衣草矮篱巧妙地分
   为两部分，又通过视觉联系把这两部分捏合成统一的整体。

✓ 矩形、正方形和直线贯穿整个花园布局，构成抽象的平面形
   式。方向上的变化和抬升的花坛更增添了许多趣味。

✓ 花园两端的铺装区域，在任何时候都能晒太阳或乘凉。

✓ 硬朗的线条和转角，与柔和自然的种植形成对比。

✓ 设计看似复杂，空间却很通畅，也容易维护。

要素的变化搭配

如果你喜欢这个花园的整体设计，但想看
看其中的要素还有哪些不同做法，可参考
第250—251页的"要素的变化搭配"。

关键要素

狭窄花境

有些花园只能安排很窄的种植区，这种情况更要仔细地选择植物。如果需要高大的植物，请选择具有明显直立形态的灌木、宿根植物和观赏草，它们既能增添高度感，又不会占用太多地面空间。

抬升花坛

抬升花坛的排水性很好，尤其是下部填有砾石的抬升花坛。包括高山植物在内的矮小宿根植物最喜爱这种环境——土壤里不能有太多水分。抬升花坛的另一个优点是，你能很方便地进行除草和打理工作，甚至可以全程坐在花坛边沿操作。

矮篱

矮篱不能用作空间围挡或视觉屏障，但可以成为不同区域之间的分隔，或者出现在园路和平台的边缘，突出或柔化线条感。矮篱的种植和维护方法与大型绿篱完全相同。

动手搭建

嵌入式种植箱

如果平台面积很大，可以用柔和自然的植物形态打破大片铺展的乏味。在平台上摆放种植容器是一种办法，还可以采用"嵌入式种植箱"，让植物穿过地板，直接种在下面的土壤里，这样的效果更好。如果平台离地面较高，还可以把植物种在隐蔽的无底容器内，让植物的基部与平台等高。

单体植物（如孤植乔木）出现在木平台中央，可以打破大面积铺展的乏味。

所需材料

- 大容积容器（塑料或金属材质），例如垃圾箱、种植桶、水箱等
- 优质土壤

搭建步骤

1 先确定在木平台的哪个位置嵌入种植箱，然后撬起木板，宽度足以放下容器。在撬起前先在木板上画出容器的顶面轮廓，再把轮廓线向内缩 2.5 厘米——这么做能让接下来的切割工作变简单。

2 锯掉容器的底部，令它放在地面时的高度刚好位于平台地板面以下。

3 翻掘孔洞下方的土壤，并进行土壤改良，把无底容器放上去，确保其牢固、平整、高度合适。然后往容器里填入优质土壤。

4 装回原来的木板，一边组装一边切割，以适配容器的形状，使孔径内收 2.5 厘米，盖住容器的边缘。

5 种下植物，浇透水。无底容器能让植物的根系生长到下面的土壤里，这样它们便可以从土地中获取水分和营养，为你减少许多浇水施肥工作。

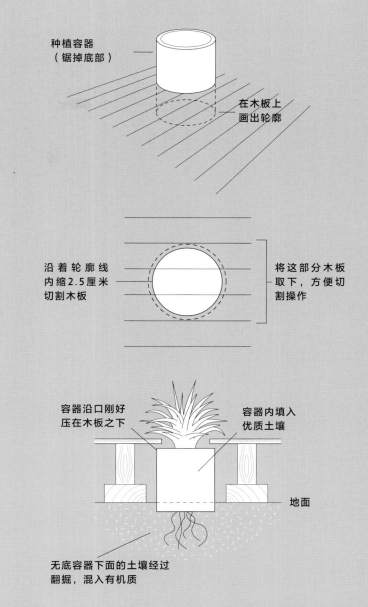

种植容器（锯掉底部）

在木板上画出轮廓

沿着轮廓线内缩 2.5 厘米切割木板

将这部分木板取下，方便切割操作

容器沿口刚好压在木板之下

容器内填入优质土壤

地面

无底容器下面的土壤经过翻掘，混入有机质

在木平台中央或边缘种植

在地面层，我们可以用低矮的"镶边植物"柔化铺装的边缘，还可以用地被植物替代部分铺装，将其镶嵌生长在硬质地面中间。但如果是高离地面的木平台，就需要多花一些心思了。

- 如果木平台只比地面高一点，大概一级台阶的高度（10—15 厘米）——你可以沿着平台边缘种植高度大于 30—40 厘米的丘拱形植物，这样至少有 20 厘米的枝叶露在木板上方，盖住边缘。

- 如果木平台更高，可在边缘选用体型较高但不太"圆润"的植物，例如鸢尾、火星花和观赏草，突显它们独特的形态。

- 在木平台边缘建造种植箱，箱内土壤层与木平台等高。在箱内进行种植，植物组合宜在形态和体量上富有变化。

- 利用嵌入式种植箱，在木平台中央开辟种植区域。种植箱不需要与平台地面完全齐平，也可以略高一些，还可以形成错落不一的高低层次。

种植设计

案例中选用的植物

这个设计里混合使用了乔木、灌木、宿根植物和观赏草，都是易于打理的品种。选择它们的原因在于其柔和的外形以及能全年观赏，还可适配花园各部分不同的光照环境，例如紧靠房屋外墙的区域是向阳的，而廊架的正下方是荫蔽的。

种植图例

1 晨光芒

2 半日花"肉红玫瑰"

3 常青屈曲花"白矮星"

4 东欧风铃草"丘顿喜悦"

5 金叶扶芳藤"谢里丹黄金"（矮篱）

6 多花紫藤"多米诺"

7 北美枫香"沃普斯顿"

8 金星菊

9 欧紫八宝"孟士德红"

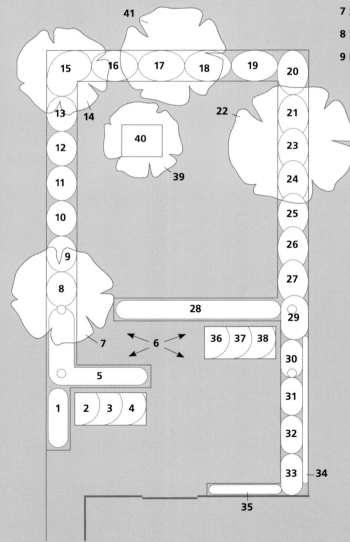

柔化边缘

很多匍匐生长的地被植物可以柔化硬朗的边线并覆盖地面。但它们大多是"平"的，而且会不断横向生长，因此需要定期修剪，才能确保园路不被侵占——最终得到的虽不是笔直的砖石边沿，却是一条僵硬的"绿色边线"。幸好，还有许多宿根植物可供选择，它们的体型较大，但仍可以塑造柔和的边线及覆盖地面，且不需要修剪。

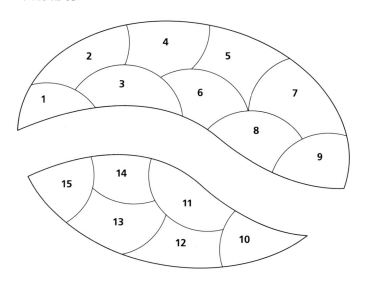

适合荫蔽环境的"柔化边缘"宿根植物组合（用于园路和平台边缘）

1 荷包牡丹 "斯图亚特·布茨曼"

2 红花聚合草

3 金叶粟草

4 花叶野芝麻 "赫曼的骄傲"

5 巨根老鹳草 "沙克尔"

6 耐阴虎耳草

7 肺草 "西辛赫斯特白"

8 紫叶里文堇菜

9 金叶香蜂草

10 杂交老鹳草 "碧奥科沃"

11 阔叶山麦冬

12 星花重瓣耧斗菜 "诺拉·巴罗"

13 疏毛地杨梅

14 高山羽衣草

15 白花路边青

适合向阳环境的"柔化边缘"宿根植物组合（用于园路和平台边缘）

1 白花纤细老鹳草

2 波旦风铃草 "桦木"

3 春黄菊 "布克斯顿"

4 东方多榔菊 "壮丽"

5 蓝燕麦草

6 荷兰菊 "海因茨·理查德"

7 大花老鹳草 "格拉芙泰"

8 双距花 "红宝石田"

9 朝雾草 "娜娜"

10 岩芥菜 "沃利·罗斯"

11 大滨菊 "雪顶"

12 宽萼苏 "万圣节绿"

13 汤姆森紫菀 "娜娜"

14 奥林匹斯金丝桃 "硫黄"

15 三脉香青 "夏雪"

日式花园

具有东方韵味的花园之所以迷人，是因为它们以平静和谐的方式把植物和硬质材料组织在一起，并关注每个细节的呈现。这种风格的花园无须很大，但应处处体现对自然元素的尊重。

案例中的设计要点

✓ 植物、铺装和其他材料之间的平衡。

✓ 它不是对传统日本园林的照搬复制，而是借鉴其中的元素，在具体的使用上仍符合西方的生活方式和花园理想。

✓ 尽可能使用产自当地的天然材料，以便与广阔的外部环境保持一致，也显示出对自然的尊重。

✓ 种植区域连汇贯通，整体效果和谐统一。

✓ 花园总体色调是柔和的，但有一两处明艳的"点"，产生视觉力量。

✓ 构筑物和装饰品谨慎地安排在四周，少量地使用，避免杂乱。

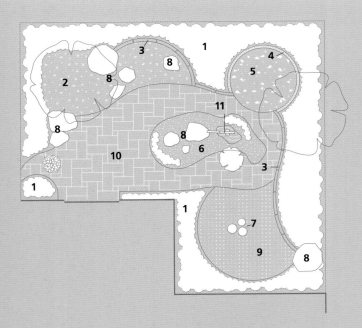

要素图例

1 种植区域	**5** 碎石板铺地
2 砾石铺地	**6** 枯山水
3 原木围边	**7** 木质雕塑
4 竹屏风	**8** 大石块

9 地被植物

10 天然石材铺装

11 惊鹿

要素的变化搭配

如果你喜欢这个花园的整体设计，但想看看其中的要素还有哪些不同做法，可参考第250—251页的"要素的变化搭配"。

鸡爪槭

鸡爪槭有许多品种，大部分都很适合孤植，以便充分欣赏其色彩和形态。选择生长强健的品种作花园的视觉焦点，脚下配以非常低矮的地被植物，或直接种在树皮或碎石铺地中。还有些长势较慢、枝叶密实的鸡爪槭品种，很适合出现在盆栽及岩石间。

竹屏风

用天然材料做成的屏风很迷人，尤以竹子为妙，它易得，可塑性也高。用预制竹排或竹卷可以快速简单地搭建屏风。或者你可以自己动手，创造独一无二的设计：用细铁丝（或麻绳）把不同粗细、不同长度的竹段整合成型。

大石块

孤置的大石块是东方园林的重要组成元素，也可以在其他情境中使用它们——特别是强调"自然"设计的情境。放置大石块时，要把它稍微沉入地下，这样看起来如同自然中的状貌。为了更好的视觉效果，还可以在大石块周围配植低矮的地被植物，例如常春藤和小蔓长春。

惊鹿

"惊鹿"是日本园林的传统装饰物，最初是用来驱吓鹿等动物远离庄稼。一旦了解其机械原理就很容易制作。可以用家庭自来水作动力源，做成独立循环的构造（见第150—151页），也可以借助自然，把它放在溪流旁边，承接高处落下的水流（见第193页）。

横向锯出两道切口

1

切掉顶部竹片

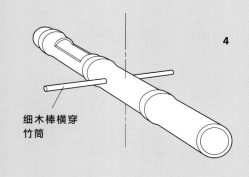

4

细木棒横穿
竹筒

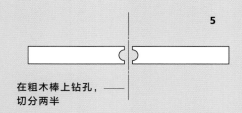

5

在粗木棒上钻孔，
切分两半

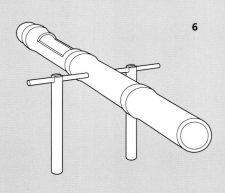

6

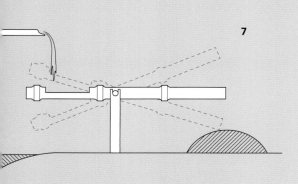

7

所需材料

- 流动的水

- 粗竹筒，长度为 30—45 厘米

- 硬木棒，长度约 60 厘米，直径约 2.5 厘米

- 硬木棒，长度约 15 厘米，直径约 1 厘米

- 造型圆润的石块

- 木材胶黏剂

搭建步骤

1 用细锯在竹筒的一端垂直割两道切口，深达竹筒一半厚度，用刀小心地劈掉两道切口间的顶部竹片，形成一个开槽。

2 用手指掂起竹筒找平衡，找到重心的大概位置，做上标记。

3 重心标记向开槽一端测量 2.5 厘米，在此处侧壁上钻孔横穿竹筒，孔径 1 厘米。

4 将直径 1 厘米的木棒插进开孔穿过竹筒，用胶粘牢，封住孔隙。

5 在粗木棒的中间位置也钻一个直径 1 厘米的孔。然后沿着孔的中线锯开，得到两根短木棒，每根的顶端都有一个半圆形的凹槽。

6 把两段粗木棒插入地面，凹槽朝上，架起穿过竹筒的细木棒，使之卡入凹槽。如果地面较软，可用混凝土基础固定粗木棍。由于架起的位置不是重心，竹筒会倒向一边（与开槽相反的一侧）。把圆润的石块放在这一端下方，使其刚好能被竹筒落下的一端敲碰到。

7 引入水源，让水流缓慢地注入开槽。随着水的注入，重心也在慢慢转移，直到开槽一端变得更重，掉落下来，水流入下面的容器（或溪流）。随即，竹筒再次回到初始的重量分布，无槽一端下落，撞击石块，整个循环重新开始。你需要反复尝试调整，如果竹筒"敲石"一端抬不起来，就需要在这一端尾部锯掉一小截，稍减这一侧的重量。

种植设计

案例中选用的植物

"植物形态"和"叶片质感"与花朵同样重要，这里选用的植物从形态优雅挺拔的竹子和观赏草，到叶片羽状轻盈的宿根植物，再到枝叶暗沉的常绿灌木。承载这些植物生长的土壤须是优质的，考虑到杜鹃花的习性，还应使土壤呈弱酸性（pH 值略小于 7.0）。

种植图例

1 柊树

2 杜鹃"普雷克斯"

3 棕鳞耳蕨

4 鸡爪槭"珊瑚阁"

5 毛地黄

6 欧洲鳞毛蕨

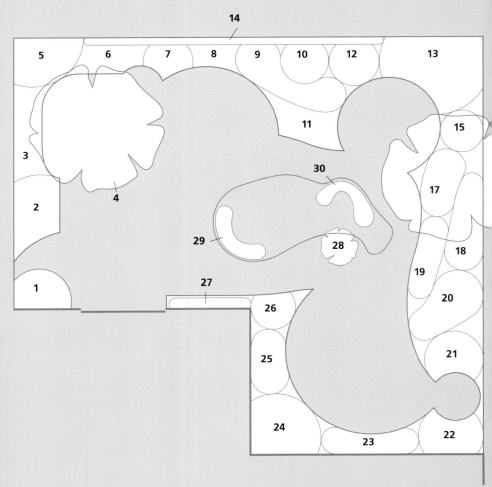

一条果香菊铺就的道路，每当走过时都能闻到沁人的香味。

地被植物

除了草坪之外，一些地被植物也可以塑造类似草坪的视觉效果，更难得的是，它们生长成型后需要的维护非常少。对于那些难以维护草坪的地区来说，这些地被植物是很好的替代者。保持"地被草坪"的良好状态，只需每年修剪一到两次，剪齐顶部和边缘，保持茂密的状态，形成一片连绵的"绿毯"。

优秀的地被植物选例

• 匍匐筋骨草——在半阴处生长最佳

• 果香菊——有香味

• 无毛小叶栒子——花朵和果实也可观赏

• 欧石楠——晚冬开花

• 常春藤——若地块较小，或想追求整洁紧凑的效果，宜用其小叶品种

• 半日花（尤其是匍匐品种，例如金钱半日花）——在干燥向阳处生长最佳

• 矮生柏类，例如平枝圆柏和铺地柏——生长旺盛，适合较大地块

• 匍匐百里香——有香味

• 小蔓长春——春季开花

• 林石草——早春开花，在荫蔽处生长最佳

新手花园

对于一个完全不懂园艺的人来说，初次面对自家的花园场地（尤其是光秃秃的空地），可能会感到相当"畏惧"。尽管能搜到很多讲解，告诉你设计花园景观和种植植物的基本知识，但了解是一回事，利用这些知识创造美观又实用的带有个人风格的花园，又是另一回事了。

案例中的设计要点

✓ 这个方案包含了初学者需要的一切基本技能和花园设想，随着经验的增长，你还可以增加更多内容。

✓ 每个构筑都是简单的，而作为整体的花园空间富有戏剧性、吸引眼球。

✓ 设计中包含了持续全年观赏的植物，它们强健稳定，能适应很广泛的环境条件。

✓ 建造这座花园并不困难，花费也不大，只需在某些关键阶段寻求一点帮助。

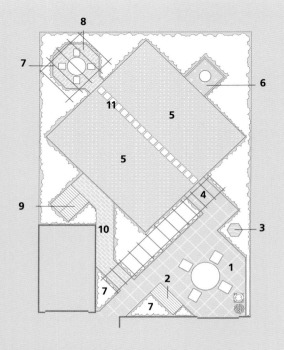

要素图例

1 休闲平台

2 箱式座椅

3 自循环水景

4 廊架

5 草坪

6 立有雕塑的围边砾石铺地区域

7 遮阳棚架

8 闲坐休息区（砖块铺地）

9 储物间

10 砖路

11 汀步石路

要素的变化搭配

如果你喜欢这个花园的整体设计，但想看看其中的要素还有哪些不同做法，可参考第250—251页的"要素的变化搭配"。

关键要素

持续全年的观赏点

好打理又能持续全年观赏的植物，在任何花园里都是重要的组成要素——对于园艺新手更是如此。花园里应至少包含两三种大小适中的常绿灌木，提供长久的结构感和冬季的色彩，还要在落叶灌木下方种植低矮、耐阴的宿根植物和球根花卉，覆盖裸露的土地。

箱式座椅

简单的箱式座椅（最好带脚轮）在提供宽阔坐卧设施的同时，还能成为颇具吸引力的构筑。可开合的顶盖更增添了实用性，你可以在里面存放工具和杂物。当它不用作座椅时，还可以在上面摆放盆栽和装饰品，增添观赏性。

休闲平台

如果你是个花园新手，喜欢天然石材铺设的平台但建造经验不足，可以考虑使用"混凝土板铺装"，市场上这类产品样式各异、尺寸不一，质量较好的品牌在颜色和纹理上都非常接近天然石材。它们通常能防滑，又因为是混凝土，所以也防冻。

应用于狭长场地

如果调整设计以适应狭长的场地，试着运用廊架、屏风、灌木绿篱等"实感元素"遮挡花园的纵向视野。把园路设计得蜿蜒曲折，或呈"之"字形前进，再将焦点景物（例如水景、雕像和大树）沿着花园前进的路径依次分布，避免一眼看尽整个空间。

原始布局

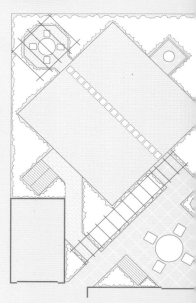

针对普通场地的设计布局，很容易调整变形，以适应不同的场地形状。

适应狭长场地的变形

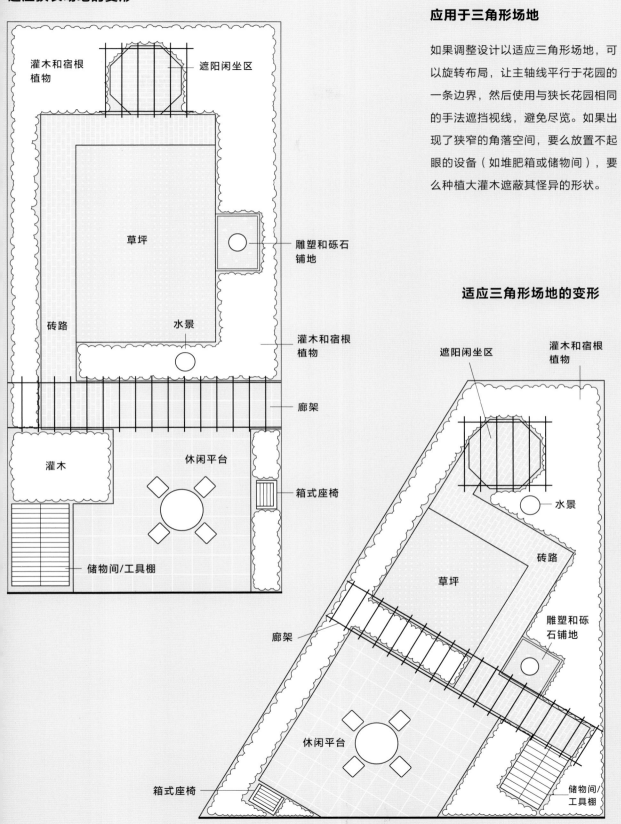

灌木和宿根植物

遮阳闲坐区

草坪

雕塑和砾石铺地

砖路

水景

灌木和宿根植物

廊架

灌木

休闲平台

箱式座椅

储物间/工具棚

应用于三角形场地

如果调整设计以适应三角形场地，可以旋转布局，让主轴线平行于花园的一条边界，然后使用与狭长花园相同的手法遮挡视线，避免尽览。如果出现了狭窄的角落空间，要么放置不起眼的设备（如堆肥箱或储物间），要么种植大灌木遮蔽其怪异的形状。

适应三角形场地的变形

遮阳闲坐区

灌木和宿根植物

水景

砖路

草坪

雕塑和砾石铺地

廊架

休闲平台

箱式座椅

储物间/工具棚

种植设计

13

28

48

51

案例中选用的植物

选择这些植物因为它们生性强健，不需特殊的生长条件，且性价比高。无论是观花植物还是观叶植物，所有植物都可以生长很多年，表现稳定可靠。虽然这是个小花园，种植面积也不大，但仍有许多季节性观赏点蕴藏其中。种植的规模平衡了构筑物的体量，也遮挡了背后的栅栏。

种植图例

1 重瓣棣棠花

2 花叶葡萄牙月桂

3 紫葛葡萄（遮阳棚架）

4 蓍草"月光"

5 紫叶风箱果

6 多榔菊"梅森小姐"

7 醉鱼草"黑骑士"

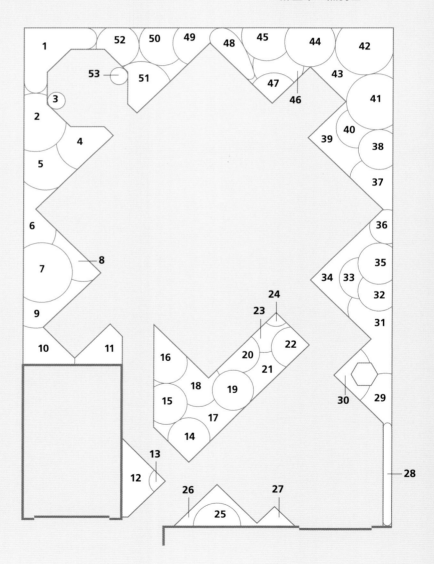

8 小萱草

9 红叶淫羊藿

10 荻

11 花叶柊树

12 丝缨花"詹姆斯屋顶"

13 绣球藤"泰特拉罗斯"（廊架）

14 白花路边青

15 金山绣线菊

16 薰衣草"孟士德"

17 有髯鸢尾"珍珠色黎明"

18 岩白菜"鲑鱼色布雷辛汉"

19 长阶花"秋日光辉"

20 堇菜"克莱门蒂娜"

21 荷兰菊"雪垫"

22 血红老鹳草

23 半日花"普雷克斯"

24 美洲忍冬（廊架）

25 苘麻"肯蒂什美人"

26 雷纳德老鹳草

27 喜比长阶花

28 狗枣猕猴桃（栅栏）

29 杂交欧石楠"阿达·科林斯"

30 蓝羊茅"蓝血"

31 桃叶风铃草"本内特蓝"

32 茵芋"鲁贝拉"

33 宿根福禄考"星火"

34 阔叶山麦冬

35 冬青叶十大功劳"阿波罗"

36 茵芋"维奇"

37 乌头

38 华丽木瓜"粉红女士"

39 轮叶金鸡菊"金色收获"

40 月季"泡芙美人"

41 火棘"金太阳"

42 欧洲大花连翘"林伍德"

43 羽扇豆"画廊白"

44 红叶黄栌

45 金帝冬青

46 有髯鸢尾"肯特骄傲"

47 红波罗花

48 松果菊

49 荷兰菊"奥黛丽"

50 金叶欧洲红豆杉"森佩劳瑞"

51 大花老鹳草

52 平顶绣球"兰纳特白"

53 香花铁线莲（遮阳棚架）

干燥向阳角落的种植案例

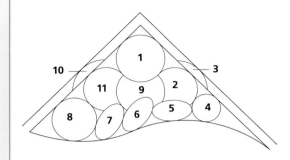

1 金雀花"布克伍德"

2 金叶短筒倒挂金钟

3 西番莲（墙面／栅栏）

4 长阶花"水银"

5 石竹"德文奶油"

6 薰衣草"娜娜白"

7 景天"红宝石之光"

8 超级鼠尾草"五月夜"

9 岩蔷薇"佩吉·萨蒙"

10 狗枣猕猴桃（墙面／栅栏）

11 蓝花莸"邱园蓝"

荫蔽潮湿角落的种植案例

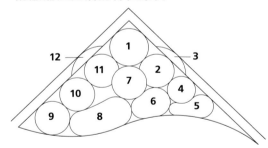

1 四照花

2 瑞香

3 米诺卡忍冬（墙面／栅栏）

4 齿叶铁筷子

5 日本安蕨

6 落新妇"凡诺"

7 密冠欧洲荚蒾

8 金叶地杨梅

9 淫羊藿"尼维姆"

10 玉簪"克罗萨·雷格尔"

11 粗齿绣球"勋章"

12 铁线莲"繁星"（墙面／栅栏）

季节花园

如果种植空间有限（例如被围墙环绕的小后院），而你又想体验各个季节的美感，那么按照传统的设计方法留给冬季的植物会很少。我们可以换一种思路，改用盆栽种植作为夏季色彩的主要来源，这将能腾出宝贵的空间留给冬季观赏的植物，于是在阴冷的月份里也能收获珍贵的色彩点缀。

案例中的设计要点

✓ 宽敞、美观的休闲平台，任何天气都能使用。

✓ 花境中有许多冬季和春季观赏的植物。

✓ 对角线相对的两个座椅区，可以捕捉清晨和傍晚的美妙光线，也能在炎热的天气里提供阴凉。

✓ 柔和的分层效果，增加了美感。

✓ 为"季节性种植"预留了许多盆栽和花槽，特别是夏季观赏的时令花卉。这样就能腾出更多地面空间种植冬季和春季观赏的植物。

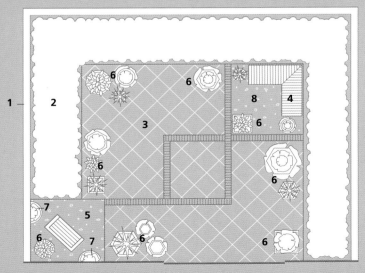

要素图例

1 花园围墙（有攀缘植物附着）

2 花境

3 休闲平台

4 座椅区

5 下沉砾石地面

6 植物盆栽

7 壁挂盆栽

8 抬升砾石地面

要素的变化搭配

如果你喜欢这个花园的整体设计，但想看
看其中的要素还有哪些不同做法，可参考
第250—251页的"要素的变化搭配"。

植物盆栽

把季节性植物种在盆器里，点亮沉闷暗淡的区域。在地面种植空间局促的地方，也能用时令盆栽增加植物量。具体操作时，可以选用大容器制作多种植物的组合盆栽，也可以把几个独立的小盆栽摆在一起，拼成色彩斑斓的组合。若想要更长久的观赏效果，可以配合矮生常绿灌木和小型针叶树，在其周围点缀球根花卉盆栽（例如洋水仙、番红花和雪滴花）。

抬升砾石地面

在平坦的地面上抬起一块区域，使水平高度发生变化。可以用旧枕木等材料作抬升区域的围边，填入硬质材料垫层，最后在顶上覆盖一层砾石。也可以用红色或深蓝色砖块围边，中间铺设石材，更显规则感。在抬升区域的中心放置雕像或瓮罐充当焦点，也可以像案例中这样，做一个简单的箱形座椅，配以坐垫。

攀缘植物

在封闭围合的小花园里，宜用攀缘植物柔化和遮挡边界（围墙或栅栏）。它们不仅能提供色彩等观赏点，还能"掩饰"花园原本的形状和大小。让攀缘植物探出其支撑物的顶部，盖住围墙和栅栏顶部生硬的水平线条。尽量包含一两种常绿攀缘植物，在冬季也可欣赏。

选择盆栽容器

植物盆栽不应被视作填补空缺的补漏手段。相反，它们是整体设计的一部分，在确保实用的同时还应创造美感。其中关键的一环，便是根据植物选择合适的容器。

上图：在一个大容器里打造几种植物的组栽，效果更出色。

右上图：具有防锈涂层的金属容器也很好

- 传统材料——石头和陶土，是很好的容器材质。塑料、金属、木材和混凝土也可以，只要它们防冻、不会腐烂、对植物无害即可。
- 排水是关键，要确保所有容器的底部都有排水孔。
- 使用优质的种植土，不要用从花园挖来的土壤，因为其中可能混有害虫、病菌和杂草种子，营养含量也不足。
- 在容器的颜色和材质选择上，宜同花园的主题相匹配，例如用石头花盆与石材铺地相配，用凡尔赛风格的花盆搭配规则式花园。
- 把几个小盆栽聚在一起创造组景，比单独点缀更有效果。
- 对于需要定期重新上盆的植物，避免使用颈部较窄的容器——想要从这种形状的容器中取出植物但不损伤根系，几乎是不可能的。
- 定期施用堆肥、液体肥、叶面肥、缓释肥等肥料滋养盆栽植物。缓释肥可以在整个生长季持续不断地释放营养。
- 定期浇水，因为盆栽植物的水分流失比地栽时更多更快。
- 如果你的盆栽太多，没时间亲自浇水，可以安装自动滴灌系统。

- 新买来的植物不要种在大小刚好的容器里，而要种在更大一号的容器里。随着植物生长，逐年更换较大的容器，直到完全长成，定植在最终的容器里。

如果需要定期给植物换盆，宜选择上宽下窄的容器。

种植设计

案例中选用的植物

长久稳定的植物包括冬季和春季开花的灌木，在它们下方种植春季开花的球根花卉。当这些植物的花期结束后，在容器里种植一年生草花，为夏季提供色彩。

种植图例

1 卷须铁线莲

2 杜鹃 "普雷克斯"

3 星花木兰 "玫瑰"

4 郁香忍冬

5 鲍德南特荚蒾 "德本"

6 布纹吊钟花

7 金叶迎春花

8 山茶 "玫瑰色玛瑟蒂阿娜"

9 金缕梅 "捷琳娜"

10 十大功劳 "慈善"

11 大花白鹃梅 "新娘"

12 双蕊野扇花

13 小木通

14 富士樱

15 华丽木瓜 "罗瓦兰"

16 春季球根花卉

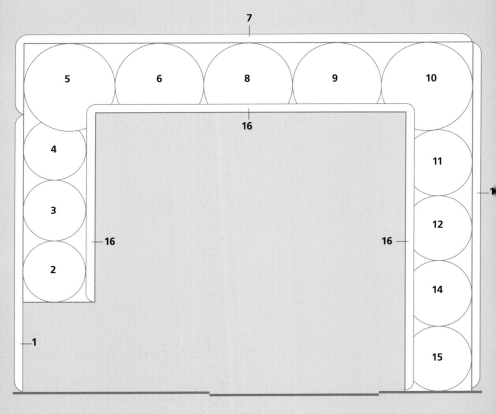

打造组合盆栽

如果将组合盆栽用作短期观赏景观，种植密度可以比地栽（长期观赏景观）大得多。

一开始就要想好在组合盆栽中呈现怎样的植物搭配，而不是单凭一时的喜好购买，然后硬挤成一个组合。

别忘了大容器很重，尤其是在土壤浸饱水的情况下，所以请在填土之前就把它摆放到位。

1 往容器里填土，先种最大的一棵（或多棵），根据植物高度调整根系土球下方的土层厚度——这比一开始就填满土，然后为每棵植物挖坑简单得多。

2 继续填土，按照大小顺序种后面的植物，方法都与前面相同，将其摆放在合适的点位上。

3 所有植物都摆放就位后，填充土壤至完成高度——土面低于容器口约 2.5 厘米，方便浇水。

4 将球根花卉的种球塞在其他植物之间的空隙处；除了特别大的种球外，你都可以用手把它们直接塞进土里。大多数种球的种植深度约是它自身长度的三倍，也就是说，一个 2.5 厘米长的种球要种在 7.5 厘米深的土壤下。

5 往容器里浇水，要浇透，如果土壤浸水后厚度下降，就再补充一些土进来。

6 最后在土壤表面撒覆盖物（树皮、砂砾、卵石、碎石均可），看起来更整洁美观，也有助于减少水分蒸发。

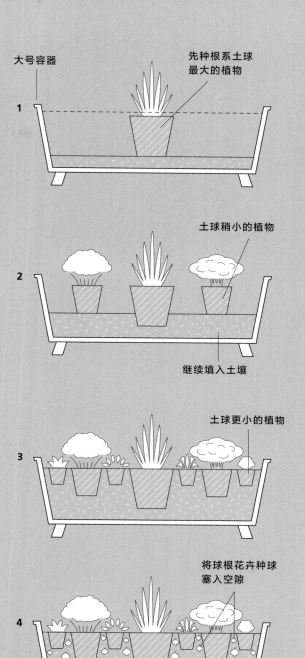

大号容器

先种根系土球最大的植物

土球稍小的植物

继续填入土壤

土球更小的植物

将球根花卉种球塞入空隙

盆栽球根花卉选例

- 希腊银莲花
- 雪光花和福氏雪光花
- 番红花
- 小花仙客来和常春藤叶仙客来

- 冬菟葵
- 雪滴花
- 网脉鸢尾和丹佛鸢尾
- 葡萄风信子

- 围裙水仙和仙客来水仙和长寿水仙
- 郁金香（尤其是矮生品种）

建筑风格花园

在花园中使用正方形、长方形、圆形和正交直线，并用精心修剪的植物造型呼应加强，它们营造的几何美感呈现了建筑学的造型与形式，故可称其为"建筑风格花园"。

案例中的设计要点

✓ 直角正交的平面布局，强调几何形式感。

✓ 几何元素的反复出现，特别是圆形和直线相交组成的锻铁屏风，整齐又精致。

✓ 所用植物多具有"建筑感"——独特的造型、醒目的带状叶等特征。

✓ 狭长水渠的静水面，像镜子一样倒映出植物的姿态和构筑物的造型。

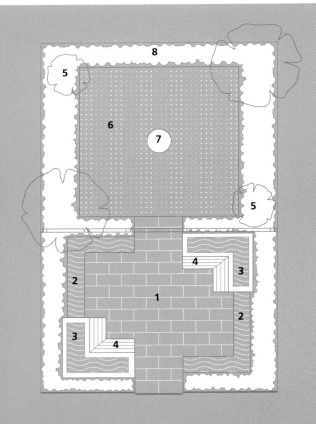

要素图例

1 铺装平台   5 塑形常绿树

2 水渠   6 草坪

3 抬升水渠   7 中央雕塑

4 嵌入式座椅   8 种植区域

要素的变化搭配

如果你喜欢这个花园的整体设计，但想看看其中的要素还有哪些不同做法，可参考第250—251页的"要素的变化搭配"。

水渠

这个独特的构造是本花园设计的核心，水渠勾勒出铺装平台的边缘。抬升的部分需要仔细测量规划，先把墙体基础做好，让它刚好高于完成的铺装面。

锻铁屏风

这种定制化锻铁屏风需要高超的制作技术，要给工匠提供样板作参考。

嵌入式座椅

嵌入式座椅让平台更加实用。普通的花园家具要在冬季收进储物间，但嵌入式座椅一年四季都可在户外使用。

10 条花园设计建议

1 保持简洁的规划布局，后期用植物、材料和饰品增添色彩丰富度、质感和趣味。

2 确定花园的主题，它可以是某种色彩、某种形状（圆形或方形），也可以是某种风格，例如几何规则式。

3 根据土壤和地面条件选择适宜的植物，而不是为了某种植物强行改变土壤条件。

石材桌面、木方坐凳和立木栏杆创造了一组引人注目的搭配。

4 尽量把所有"设备"（垃圾桶、储物间、堆肥箱等）都放在同一个区域，这样更容易屏蔽遮挡。

5 眼光放长远，考虑未来。如果你有小孩，要考虑他（她）长大以后，花园哪些位置可能需要调整，例如，现在给孩子玩耍的游乐区在未来可能会改成蔬菜种植区。

6 开始施工之前，用木棍、绳子、沙子或记号笔在地面上大致勾画出布局轮廓，检查园路和铺装区域的大小是否合适，视觉焦点的位置是否合理。

7 观察白天的光照分布情况，记录花园中最明亮和最阴暗的位置，以确定座椅安排在哪里。

8 按照优先级列出你在花园里想要实现的功能，并制定预算。如果预算与需求难以匹配，从清单末尾开始裁掉最不重要的功能。

9 看看别人的花园，试着寻找它们吸引你的点，或者你不喜欢的点。

10 观察你家花园附近哪些植物生长旺盛，以此作为植物选择的参考，可以规避许多失误，诸如在碱性土壤里种山茶杜鹃。

"结构"和"形态"在建筑设计中意义重大——在这个建筑风花园里，矩形和正方形也占据着主导地位。

种植设计

11

12

15

23

案例中选用的植物

本案例运用了具有直立姿态的植物和带状叶片的植物，包括凤仙、鸢尾、鹅耳枥、芒草和独尾草等，为了与之产生鲜明的对比，同时使用了一些外形柔软圆润且株型整洁的植物，例如金丝桃、长阶花、杜鹃和小檗。设计中还包括一些结构性植物，例如桂樱、欧洲红豆杉和松树，它们可以通过修剪塑形，保持整个花园的统一感并呼应硬质景观。

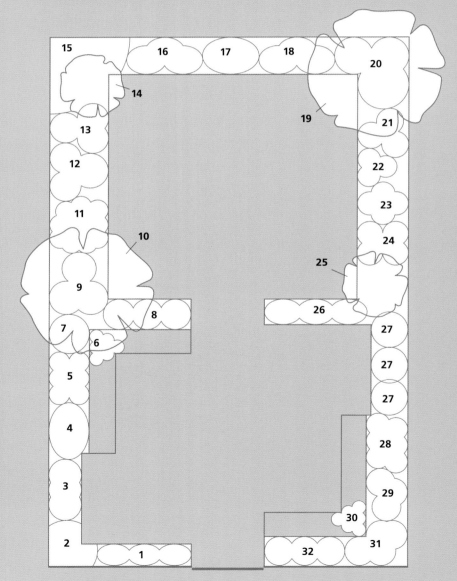

这个花境看起来"热情似火"——橙色挡土墙强化了黄色和白色的花朵。

花园的色彩主题

如果你富于尝试精神，可以通过搭配不同颜色的植物形成特定的色彩主题，例如蓝色加粉色加紫色，或黄色加白色。色彩设计能让花园更有戏剧性，更引人注目。因为这个花园在布局上分为两部分（见左图），所以可以在两个区域设计不同的色彩主题，例如下面这套种植方案。

阳台花园

阳台虽小，亦可享受园艺的乐趣。面对有限的空间，你会本能地想把各种植物、盆器和园艺设施都塞进去。如果真的这么做了，你最终只能得到一个零碎杂乱的空间，甚至无处歇脚，更无美景可赏。对于阳台花园，选定"主题"很关键，坚定地围绕这个主题展开设计才是更好的策略——这样不仅可以欣赏到每个要素的美感，还能保持整体效果的统一，惊艳却不杂乱。

案例中的设计要点

✓ 突出明确的设计主题。

✓ 和谐色与互补色的运用。

✓ 最大限度地利用空间，提供休闲娱乐功能。

✓ 可移动的造景元素，带来极大的灵活性。

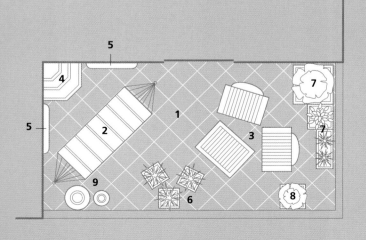

要素图例

1 瓷砖铺装　　　　**4** 自循环跌水瀑布

2 独立式吊床　　　**5** 壁挂装饰（木雕等）

3 帆布折叠桌椅　　**6** 观赏草盆栽

要素的变化搭配

如果你喜欢这个花园的整体设计，但想看看其中的要素还有哪些不同做法，可参考第250—251页的"要素的变化搭配"。

关键要素

花园家具

在狭小的花园里，花园家具必不可少。无论是功能性还是美观性，它们的作用都非常大，值得多花些时间仔细挑选，既要考虑它们的风格，也要考虑材质和颜色。这里的吊床和帆布桌椅都是野营风格的，再现了炎热、尘土飞扬的非洲大地色彩。折叠桌椅轻巧便携，不需要时可以移开，冬天亦能搬进屋内。

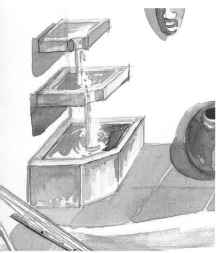

水景

"水"是非洲风景的重要组成元素，也为花园增添了声音、光线和流动性，宜选择呼应花园主题的水景设计。市面上有许多小型水景装置，有些是太阳能驱动的，无需担心电力供应和电线的问题。在这些装置中，组成跌水景观的可以是简单的手工陶器或石器。把它放在角落处制造高度变化，也能充分利用空间。阳台花园宜设计自循环的独立式水景，以便在必要时移动。

容器种植

当空间有限时，把植物种在容器里是很好的选择。这样不仅方便变换位置，还能在需要腾挪空间时把它们暂时搬进室内。如果容器非常大、非常沉，可以考虑给它配一个带脚轮的底座，搬移时会轻松很多。请记住，所有容器都要有排水孔，还要抬离地面，避免土壤积水结块。

观赏草是很好的盆栽植物，特别是呈拱形下垂的品种。用小石子覆盖在盆土表层，可以保持根部凉爽干燥，这是大多数观赏草喜爱的生长环境。

设计细节

调整布局营造新鲜感

花园和房屋一样，都是生活的空间，唯一的区别是，户外空间会受到气候和季节变化的影响。像对待室内装修一样对待花园的布置，考虑清楚要在这个空间里做什么，选择能满足需求且外形美观的花园要素。

空间有限的情况下，盆栽是非常好用的，可以根据需要随时移动。

同一个阳台的另一套布置方案

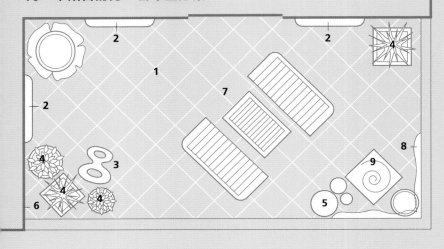

要素图例

1 蓝白色地砖铺装

2 壁挂浮雕

3 黑色抽象雕塑

4 塑料或有机玻璃材质的蓝色花盆，搭配不锈钢或铬合金材质的盆栽支架

5 银色球形装饰物

6 浅蓝色墙壁

7 银色饰面花园家具

8 攀缘植物

9 螺旋形水景

种植设计

案例中选用的植物

这里选用的棕榈、热带宿根植物和观赏草都适合盆栽种植，每种植物的特点都呼应了花园的主题。

观赏草（滨麦、新西兰高原草和野青茅）尖细的叶片再现了干燥辽阔的草原神韵。如果你喜欢沼泽湿地的意象，可以换成纤弱喜湿的莎草属植物。

棕榈和芭蕉能带来浓郁的热带风情，特别是与热带花卉相搭配时（比如这里的天堂鸟和蓝目菊）。芭蕉等不耐寒的植物在冬天可以移进室内避寒，待天气回暖后再搬回阳台。

种植图例

1 欧洲矮棕榈

2 天堂鸟

3 野青茅

4 蓝目菊

5 芭蕉

6 滨麦

7 新西兰高原草

8 似莎苔草

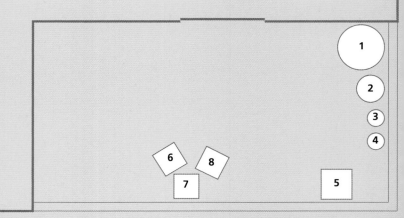

不同的色彩主题

如果你喜欢本书中的某个设计，但想用不一样的植物，何不自己创建种植方案呢？你可以只用一种颜色的花朵，也可以调配一系列花色组合，还可以全部用观叶植物营造独特的气质。

第 103 页方案使用的色彩和材质与原设计差异极大：蓝色、白色和银色的色彩结构大胆而精致，再加上一抹微妙的红色，成为引人注目的亮点。无论是花园家具、盆栽容器、水景装置还是装饰品，其风格和材料都极具现代感。迷人的色彩主题也将一直延续到种植设计中。

在几乎所有的场景里，银色和白色的组合都很适用。

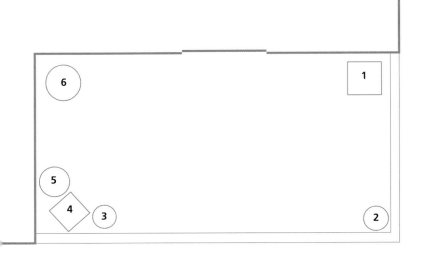

针对第 103 页布局方案的种植设计

1 白花夹竹桃

2 蓝钟藤

3 银叶聚星草

4 杜鹃"蓝雀"

5 铃花百子莲

6 虎克百合木

海滨花园

海边的花园拥有与内陆地区不同的气候条件——滨海地区的气候通常比较温和，在温带沿海地区很少出现霜冻，然而，海滨花园暴露在强劲的海风中，风里裹挟着含盐水汽，许多植物会遇到叶片灼伤、生长不良等问题。

案例中的设计要点

✓ 用乔灌木组成屏障，抵挡住强劲的海风，为停坐区域提供遮蔽的同时也有助于弱小植物的生长。

✓ 草坪设置在避开主导风的位置，又能看到园外的景色。

✓ 休闲平台充分利用了朝向优势，获得充足的阳光。

✓ 格栅架和廊架阻挡了主导风之外的来风，为休闲平台提供保护。

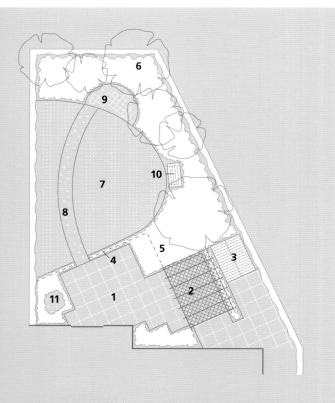

要素图例

1 休闲平台   4 格栅架屏风

2 廊架（顶部覆盖渔网）   5 种植区域

3 储物间   6 乔灌木挡风带

要素的变化搭配

如果你喜欢这个花园的整体设计，但想看看其中的要素还有哪些不同做法，可参考第250—251页的"要素的变化搭配"。

园路

园路是在花园中自由活动必不可缺的要素，尤其是经常通行的路线。案例中把园路设计成弧形以增加趣味性，材质也呼应了周围环境——采自海边的卵石和碎石。你还可以用园路呼应花园的某个特征要素，例如围墙上富有浪漫气息的老砖。

格栅架屏风

如果你想要一个能快速成型又持久稳定的分隔屏风，格栅架是很好的选择。使用高大的格栅架可以营造坚实的空间围合，带来私密感的同时还能在上面种植攀缘植物。如果你只是想要一个分隔的"意象"，可以选择较矮的格栅架，配以开放、轻巧的设计，在底部布置低矮的植物柔化格栅架的线条。

绿篱

可以用绿篱代替墙壁和栅栏，充当自然屏障。在规则式花园里，人们把常绿树修剪得很严整，以创造几何感和建筑感。如果不想那么规整且多些色彩点缀，可以选择开花灌木绿篱，例如月季和南鼠刺，它们每年只需修剪一次。如果不需要阻挡视线，薰衣草等低矮植物也能塑成很好的矮篱分隔带。

闲坐休息区

这是一个非常简单的停坐区，需要的复杂施工很少。

其成功的关键，是要有足够面积的瓷砖铺装（也可以是石板），作为放置椅凳的地面。当你在硬质基础做好"主体铺装"后，用大块卵石在其周围垒出一圈镶边（下方同样有硬质基础），勾勒出自然随机的形状。

最后用散铺的卵石和贝壳填充瓷砖与卵石镶边之间的空当。大小参差的卵石能带来趣味变化。

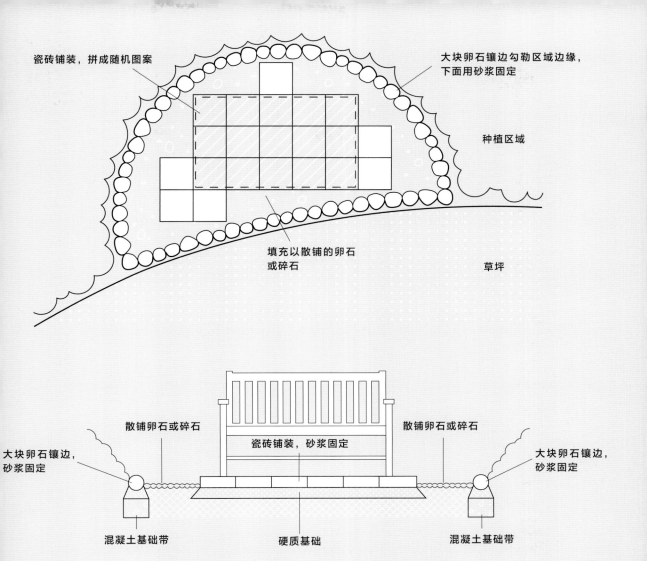

瓷砖铺装，拼成随机图案

大块卵石镶边勾勒区域边缘，
下面用砂浆固定

种植区域

填充以散铺的卵石
或碎石

草坪

散铺卵石或碎石

散铺卵石或碎石

大块卵石镶边，
砂浆固定

瓷砖铺装，砂浆固定

大块卵石镶边，
砂浆固定

混凝土基础带

硬质基础

混凝土基础带

明确花园主题

没必要让整个花园都遵循同一个主题，如果你将花园分成了不同的区域，可以让每个区域都有自己的主题，这样做也会增加令人惊喜的元素。不过要注意，如果主题太多太杂，会让花园显得零散破碎。

可以运用同一种"手法"发展主题，并贯穿全园。例如，选择一两种植物色彩，让它们贯穿全园，把众多硬质构筑"包裹"起来，形成统一感。或者，将所有硬质构筑限定在一两种颜色中，反而用植物引入更多有趣的色彩，利

自由随机的种植方式，与具有装饰性的石块、卵石和
贝壳一起，将"海岸主题"赋予这座花园。

用互补色关系制造醒目的对比，营造强烈的视觉冲击。如果你用的颜色很丰富，宜重复同一种"形状"（例如一系列圆形或方形），作为共同的主题贯穿全园。

我们还可以从花园外部的景观中寻找"主题"。若是在乡村，有关乡野农舍的主题就很契合。而位于城市中的小庭院和屋顶花园则更适合从周围建筑中寻找主题，例如形状、色彩，还有材质（玻璃、镜面钢、混凝土等）。

种植设计

案例中选用的植物

尽管最初选择这些植物是看重它们能在海滨气候中茁壮成长，有助于建立遮风围挡，但在具体设计中，仍考虑了各季节色彩和质感细节的呈现。设计中巧妙运用了大灌木，尤其是在主导风吹来的一侧，这些大灌木本身就有很强的观赏性，更为下方的宿根植物提供了保护，后者的花朵则为全园增添了美丽的色彩。

种植图例

1 银旋花

2 滨海刺芹

3 百子莲"布雷辛汉白"

4 景天"秋日喜悦"

5 海石竹

6 披碱草

7 矮赤松"拖把"

8 蜡菊"硫黄灯"

9 金边大叶常春藤（格栅架）

10 薰衣草"娜娜白"

11 紫叶澳洲朱蕉

12 矮生染料木

13 香忍冬"格拉汉姆·托马斯"
  （廊架 / 格栅架）

14 鹿角桧"硫黄喷泉"

15 日本银莲花"布雷辛汉光辉"

16 羽衣草

17 西番莲"康斯坦斯·艾略特"
  （廊架 / 格栅架）

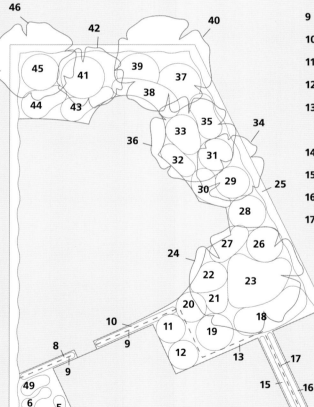

植物挡风带刚种下时

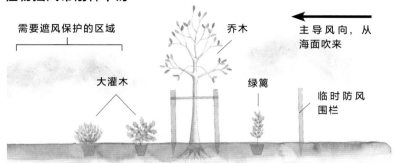

植物挡风带长成后

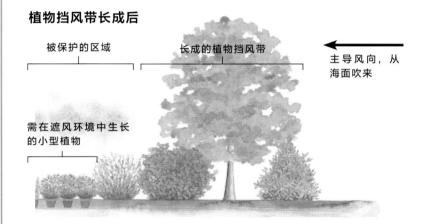

建立植物挡风带

乔木、大灌木和绿篱是植物挡风带的骨干。给它们一个良好的"开端"尤为关键，以下这些措施能帮助它们快速生长，尽早发挥作用。

- 深翻所有种植区域，添加有机物改善土壤条件，确保没有杂草残留。
- 新种下的植物会因浇水不足和不按时浇水而受损，所以定期浇水非常关键。
- 用网架、编织袋或树枝搭起临时防风围栏，为绿篱提供遮风庇护。防风围栏应比新种下的绿篱高出至少 30 厘米（如果条件允许可以更高一些）。
- 在防风围栏的下风侧种植绿篱。
- 种植乔木时，尽量用容器苗，不要选择那些根系在盆里已经抱紧成团的苗木，因为它们的根在下地后也很难舒展开。在海边多风的气候里，强健舒展的根系非常重要，能把树木牢牢地固定在地面。
- 根据主导风的方向给树木打好支撑——不要低估风的力量。
- 种植大灌木时，同样宜用容器苗。将它们的枝叶修剪掉约 1/3，这样不容易被风吹伤，它们很快就能长出强壮的新枝。
- 在生长季保证浇水充足，及时清除杂草。如果条件允许，可用有机覆根物覆盖土表，或用园艺地布盖住植物周围的地面。

现代风格花园

现代风格的材料、装饰品和植物塑造了这座花园，呈现出精致时尚的外观，克制的设计风格让它们看起来丝毫不乱。这种设计在小型花园中非常适用，尤其是城市花园，因为空间有限，经过审慎思考的构图更令人印象深刻。

案例中的设计要点

✓ 优雅静谧的氛围让花园成为平静和谐的天堂。

✓ 花园用到的材料与房屋外墙一致，形成统一感。

✓ 花园虽小，但有意制造的"视错觉"，让空间显得更大。

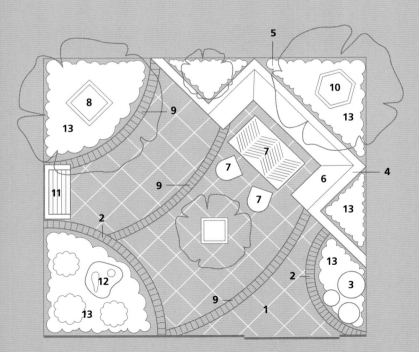

要素图例

1 白色石板铺装	花坛挡土墙
2 红砖镶边	**5** 抬升花坛
3 玻璃球灯具	**6** 嵌配式座椅
4 不锈钢盖板（抬升	**7** 拉丝铝合金

8 盆栽乔木

9 深灰色砖镶边

10 盆栽竹子

11 壁挂式长椅

12 铬钢雕塑

13 种植区域

要素的变化搭配

如果你喜欢这个花园的整体设计，但想看看其中的要素还有哪些不同做法，可参考第250—251页的"要素的变化搭配"。

关键要素

玻璃球饰品

玻璃球饰品能为花园带来别样的趣味。你可以把它们放在植物丛中，反射的阳光熠熠生辉，也可以单独放在卵石或碎石地面上观赏，还可以与小型水景结合，让喷涌的泉水流过玻璃表面。在玻璃球底部设置低矮的照明灯，能使它在夜间继续散发魅力。

嵌入式座椅

不要浪费抬升花坛——将它与座椅结合，创造一个兼具美观与实用性的结构。把座椅设置在你需要的地方，比如向阳处、遮阳处和靠近厨房门口的位置。选择耐用、防水的材料建造，每年进行必要的维护（例如刷木油）。

盆栽竹子

和许多盆栽植物一样，一些品种的竹子也可以在容器中生长。当它们出现在低矮的植物丛中能成为醒目的焦点。也可以把它们摆放在铺装地面上，提供垂直线条的对比。还可以作为屏障遮挡不雅观的景物。但要注意浇水，别让竹子干枯，在其他方面和普通盆栽植物一样对待即可。

用装饰物点缀花园

无论是日式、规则式、复古式还是现代式，一旦为花园选定了风格主题，很快就能确定与之相配的花园要素——铺装、草坪、构筑物、池塘、植物等等。

把小物件摆在种植区里，与植物交相辉映

然而，如果把花园比作一个房间（或一套衣服），你还需要用"装饰物"为它加上点睛之笔——就像外套上的胸针、桌子上的烛台。无论选择哪种装饰物，都请遵循以下几条简单的原则：

- 在规划阶段就想好每个装饰物的大致位置。
- 所选装饰物要符合花园的风格主题，例如地中海风格花园里的红陶挂饰，浪漫复古风格花园中的古典石雕、瓮罐。
- 控制数量，千万不要让雕像、瓮罐和古董充斥在花园的每个角落。
- 使每个装饰物都成为吸引目光的焦点，也要确保它们与周围景色是协调的。

右上图：这个简洁的现代主义雕塑十分引人注目。

右下图：装饰物明艳的色彩和清晰的轮廓与精致柔美的植物形成对比。

种植设计

案例中选用的植物

这个设计的色彩很克制,因为主要表现的是植物的形态和质感,色彩仅作为背景烘托。寿命长、表现稳定、耐受力强——所有宿根植物的选择均以此为标准,每种植物都有独特的形态和叶片细节。竹子贴墙种植最佳,可以很好地展现其优美姿态,它们和乔木一起给花园增添高度感,又不会让人感到压抑。这里的花朵大多是颜色浅淡且低调的,衬托了整体的绿色氛围,带给人清新凉爽的感受。

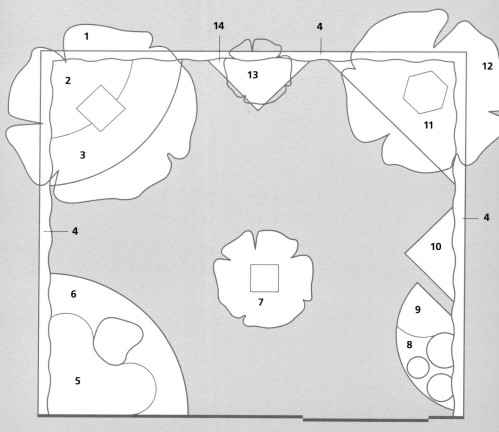

盆栽树木

在自然环境中，随着树木的逐渐成熟，树冠和根系都会不断延伸。一棵树的根系通常能扩展到和树冠大小差不多的范围，从而使树木稳稳站立，并源源不断地从土壤中获取水分和营养。然而，种在容器里的树木没有这样的条件，若要使其茁壮生长，必须给它们一些帮助。

- 其他条件相同的情况下，容器的容积越大，树就能长得越大。
- 根据植物的需求选购优质盆栽土，不要用从花园挖来的土。
- 在初期阶段给树木打好支撑，避免风摇受损。

即使在冬天，亮面金属和白色树干的搭配也很吸引人。

- 定期浇水，切勿让根系土球干透。
- 在整个生长季定期施用液体肥，或在早春时向盆中撒入缓释肥。
- 冬季时把树木从容器中取出，将根系剪去约 1/3，补充新鲜的盆栽土，重新种回原来的容器（或换进更大的容器）。
- 如果树木太大、太沉，难以换盆，可以从根系土球的顶部刮去一部分旧土，补充新鲜土壤进来。
- 重新上盆（或更新表土）之后，将树冠也剪去约 1/3，保持与根系的比例；同时修剪掉枯枝、弱枝和畸形枝。
- 即使树木已在容器里扎好根，仍有可能被强风吹倒，所以要把容器固定在地面或邻近的墙壁上。

盆栽树木品种选例

- 复叶槭
- 鸡爪槭
- 唐棣
- 椴木
- 草莓树
- 金链花
- 二乔玉兰
- 海棠
- 矮生或生长缓慢的松树品种，例如波士尼亚松和矮赤松
- 克什米尔花楸，陕甘花楸

乡村花园

空间宽裕的时候，我们反而容易忽略花园的整体规划，最后花园可能会沦为若干个互不相关的构筑物的集合，而整体的花园外观却没有得到充分的规划，很难达到令人满意的效果。

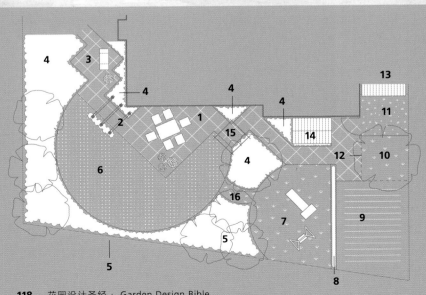

要素图例

1 休闲平台

2 攀缘植物拱门

3 傍晚/夜间活动平台

4 种植区域

5 园外乡村景色

6 草坪

7 儿童游乐区

8 绿篱（或栅栏）

案例中的设计要点

✓ 审慎地将"生产区"与"观赏休闲区"分开。

✓ 将花园大致分成两个部分，结合弧形草坪和边界种植
区，弱化"横展大纵深小"的场地形状。

✓ 把周围的乡村景色纳入花园视野，在乔灌木组成的"框
景"中得到加强。

✓ 尽管所用植物大多是观赏品种，但种植的风格和整体色
调仍是柔和自然的，与周围的乡村景色融为一体，相得
益彰。

要素的变化搭配

如果你喜欢这个花园的整体设计，但想看
看其中的要素还有哪些不同做法，可参考
第250—251页的"要素的变化搭配"。

9 蔬菜种植园

10 牲畜区草甸

11 牲畜区碎石铺地

12 牲畜区围栏

13 牲畜圈栏

14 工具棚

15 廊架

16 木屑小径

蔬菜种植园

在面积较大的乡村花园里，你能有更多空间用于蔬菜种植，甚至可以自给自足。记得要留出堆肥箱的位置，可能需要两到三个轮流使用。为方便起见，宜将蔬菜园设置在牲畜圈栏等生产区域的附近，并用整洁的铺装道路连接，以应对恶劣的天气。

拱门和廊架

这些构筑物不仅为花园增添了高度感，还能在上面牵引许多攀缘植物，例如铁线莲和香味浓郁的金银花。

儿童游乐区

为孩子们提供安全的游乐场所是首要任务，但不要忘记，当孩子们长大后，这个区域还可以变成一片花境或草坪。用较高大的绿篱隔开儿童游乐区和蔬菜园等生产区域，但要确保这些植物是安全的，没有尖刺，没有毒性果实。还需要把儿童游乐区设置在室内能看到的位置，至少在孩子们长大前必须如此。

把乡村景色纳入花园

如果你的花园紧挨着开阔的乡村景色，宜选择不显著的边界，使花园看起来像是延伸进了广阔的风景。但需注意的是，外面的风景越广阔，花园也就越容易暴露在风中。仔细设置观景点位，尽量不要迎着强风冷风吹来的方向，如果无法避开，宁可缩小视野，用树木制造"景框"，适度遮挡以减弱风力。

颜色浅淡、轻盈纤巧的边界围栏可以让你眺望周边的景色，使园外的自然好似花园的延伸。

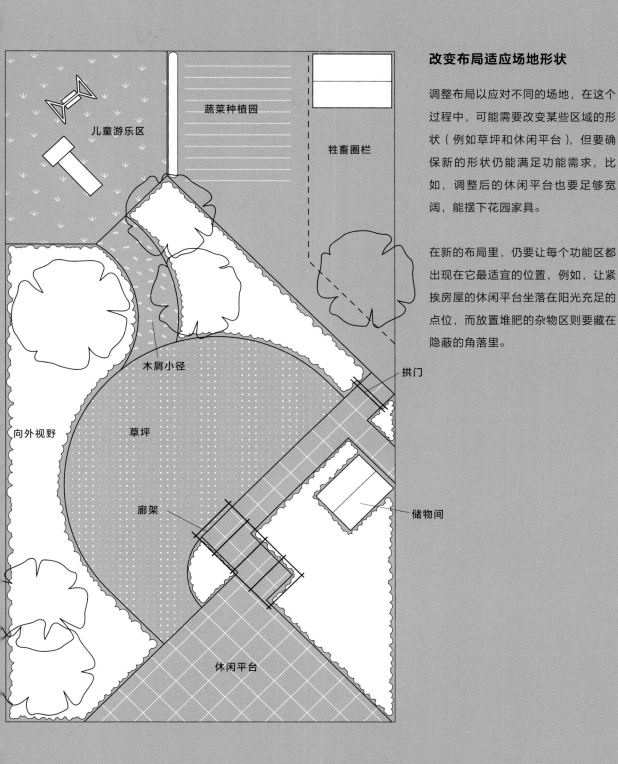

児童游乐区

蔬菜种植园

牲畜圈栏

木屑小径

向外视野

草坪

拱门

廊架

储物间

休闲平台

改变布局适应场地形状

调整布局以应对不同的场地，在这个过程中，可能需要改变某些区域的形状（例如草坪和休闲平台），但要确保新的形状仍能满足功能需求，比如，调整后的休闲平台也要足够宽阔，能摆下花园家具。

在新的布局里，仍要让每个功能区都出现在它最适宜的位置，例如，让紧挨房屋的休闲平台坐落在阳光充足的点位，而放置堆肥的杂物区则要藏在隐蔽的角落里。

种植设计

13

20

23

28

案例中选用的植物

选择这些植物是因为它们适应力强、稳定可靠。因种植面积很大，所以更需要低维护、易打理的植物。这些植物具有柔和的形态和质地，能与周围环境相协调。种植布局避免了形式上的僵硬感，色彩也很克制，有助于花园与外部景观的融合。

种植图例

1 欧榛

2 冬绿金丝桃

3 欧洲红瑞木

4 重瓣欧洲甜樱桃

5 杜鹃"粉色珍珠"

6 双蕊野扇花

7 杜鹃"宝莹"

8 香根鸢尾

9 皱叶醉鱼草

10 金露梅"伊丽莎白"

11 芒草"格拉茨"

12 羽扇豆"贵族少女"

13 杂交老鹳草"克拉里奇·德鲁斯"

14 针茅

15 乳白风铃草

16 喷雪花

17 杜鹃"圣诞欢欣"

18 木绣球

19 北美枫香"沃普斯顿"

20 齿叶铁筷子

21 垂银椴

22 长叶绣球

23 铁线莲"亨德森"

24 土耳其榛

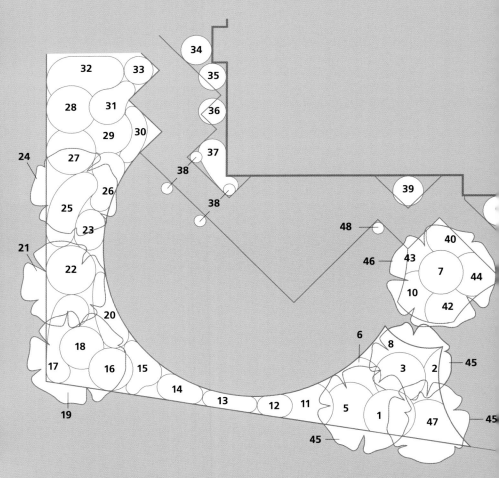

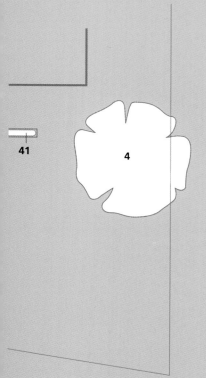

抵抗力强的花境

靠近儿童活动区的植物容易遭到孩子们的 "毒手"，很多植物无法忍受经常性的破坏，最终被折磨得破败不堪，甚至死亡，幸好还有些植物拥有顽强的生命力，能够抵抗摧残，并迅速恢复。在经常使用的儿童游乐区的边缘，最好选择下边的植物。

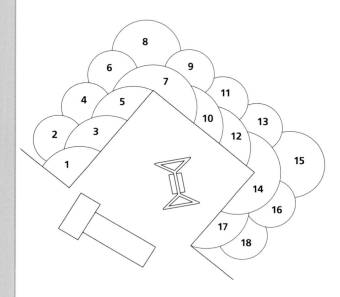

岩石花园

用砖、混凝土等耐久材料构筑挡土墙，层层抬升，把尴尬的坡地改造成一层层平坦好用的"梯田"。若将材料换成自然岩石，在斜坡上精心垒放，也能达到相同的效果。

案例中的设计要点

✓ 摆放石块时尽可能模拟自然的样貌，大小参差地摆放，避免呆板整齐。

✓ 跌水景观从高到低连接起一串形态自然的水池，为花园增添自然的趣味。

✓ 休息停留区和园路上都覆盖着石屑，这些石屑和构筑台地的岩石是同一种材质，贯穿全园，创造连续的统一感。

✓ 种植部分使用了很多源自高山地区的植物，与岩石的气质相辅相成。

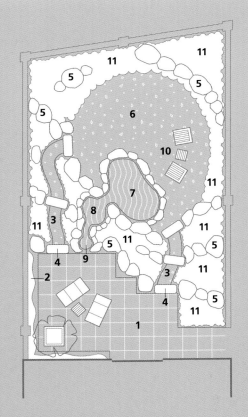

要素图例

1 休闲平台	**6** 石屑铺地
2 攀缘植物（平台墙体上）	**7** 底层水池
	8 中层水池
3 石屑园路	**9** 上层水池
4 岩石台阶	**10** 休息停留区
5 岩石垒放	**11** 种植区域

要素的变化搭配

如果你喜欢这个花园的整体设计，但想看看其中的要素还有哪些不同做法，可参考第250—251页的"要素的变化搭配"。

关键要素

台阶

在所有台地花园里，台阶都是重要的组成部分，可选择与其他铺装匹配或反差较大的材料建造它们。建造时要注意每级台阶的高度，确保行走安全——10—15厘米是合适的高度，太缓则不容易看到、易绊倒，太陡则走起来不舒服。如果台阶路段较长，可以考虑为它加上扶手（用橡木或锻铁制成）。

矮生针叶树

矮生针叶树是岩石花园的绝佳选择。可以用它们打破高山植物和欧石楠形成的低矮线条，注入体量感和高度感。切勿把它们种得太靠近，否则各自的形态和细节无法被充分欣赏。矮生针叶树在容器中的表现也很棒，特别适合规则式布局。

花园家具

如果花园里有多个休息区域，可在每一处都配上花园家具，这样就不用把一套桌椅搬来搬去。但别忘记，在冬天要把这些家具收起来，所以要留出足够的储物空间，或者选择耐用材料制成的桌椅，可以放在户外过冬。

动手搭建

自然式池塘

最简单的建造池塘的方法：先挖掘出所需的形状和深度，再铺设柔性的池塘垫布，最后用天然或人造石块镶边。若想呈现自然的外观，镶边宜用天然石块自由随机地排列。更进一步，还可以从自然中取材，采集溪流池畔的岩石，移置在花园池塘边缘，其效果自然至极。在建造时，要先筑好池岸基础，铺好垫布，最后摆放石块。

探向水面的镶边石为池塘注入自然的意趣。

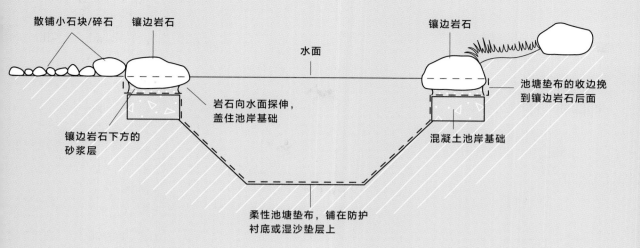

散铺小石块/碎石　镶边岩石　　　　　　　　　水面　　　　　　　　镶边岩石

池塘垫布的收边挽
到镶边岩石后面

镶边岩石下方的
砂浆层

岩石向水面探伸，
盖住池岸基础

混凝土池岸基础

柔性池塘垫布，铺在防护
衬底或湿沙垫层上

所需材料

- 柔性池塘垫布，适应池塘的尺寸
  （垫布长度 = 池塘的最深深度的两倍 + 最长长度。垫布
  宽度 = 池塘的最深深度的两倍 + 最宽宽度）
- 防护衬底

- 建筑用沙、20 毫米的碎石、水泥
- 用于池塘镶边的大岩石
- 用于散铺装饰的小石块

1

2

3

4

5

搭建步骤

1 挖掘池塘，深度比预计的水面高度低约 25 厘米，宽度也要比预计的水面大一圈，以便摆放镶边石块。

2 在开挖区域的内侧边缘再挖一圈沟，深 10—12.5 厘米，宽度足以放下镶边岩石。如果岩石的大小差异很大，在挖沟之前先决定好哪块石头放在哪里，相应地调整沟的宽度。

3 用混凝土回填入沟（混凝土的比例为 1 份水泥兑 2 份沙子和 4 份碎石）。等待混凝土固化。

4 将池塘的其余部分挖到所需深度，并在整个挖掘区域（包括混凝土）铺

上防护衬底，或铺设 2.5 厘米厚的柔软湿沙。然后把池塘垫布铺在上面。

5 注入一些水，使垫布紧贴池底。

6 在混凝土基础正上方的垫布上抹约 5 厘米厚的砂浆（1 份水泥兑 6 份沙子），将岩石摆放到砂浆层上。砂浆要足够牢固，不要被石块挤出来。

7 将池塘垫布的边缘挽到岩石后面，修剪掉多余的部分，盖上土壤。

8 用小石块和碎石散铺在镶边石的外侧，创造自然的外观。往池塘中注水至预想高度。

种植设计

案例中选用的植物

低矮横展的植物贴在岩石上蔓延，直立生长的植物与之形成对比，增加竖直方向的趣味。这个种植方案中的大部分植物都是中小体量，生长速度也较慢，不用担心它们压倒岩石或阻塞水道。

种植图例

1 山茶"范斯塔特女士"

2 杜鹃"艾迪·维瑞"

3 紫叶小檗

4 宽托叶老鹳草"布克斯顿"

5 美丽矢车菊

6 半日花"樱草色威斯利"

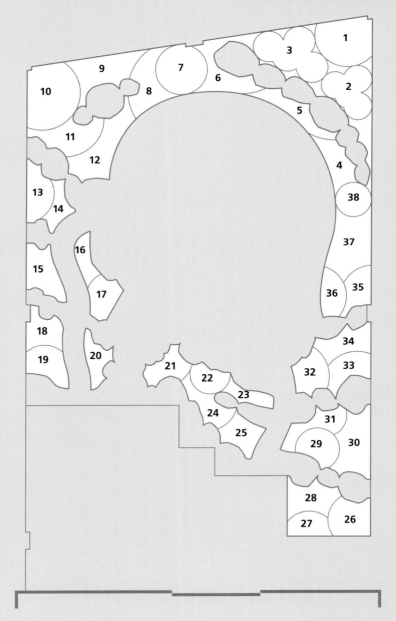

迷你岩石花园

如果花园小而平坦，可以选择一个阳光充足的角落创造迷你岩石花园。构筑两道低矮的阶梯式挡土墙，在墙体之间填入土壤，把土壤耙成缓坡。在种植之前仔细地摆放岩石，让它们在土壤中半掩半露，营造自然的感觉。

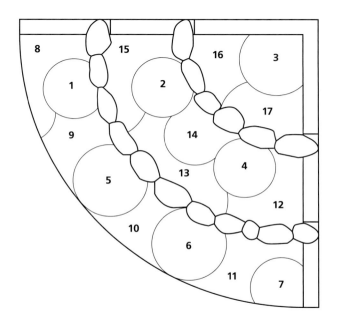

1 蓝星高山柏

2 矮云杉 "球形阿尔伯塔"

3 加拿大铁杉 "本内特"

4 金叶矮扁柏

5 平枝圆柏 "灰珍珠"

6 北美香柏 "丹妮卡"

7 矮赤松 "隆丘"

8 南庭芥 "骡子博士"

9 少女石竹 "莱克凡克"

10 长生草 "奥赛罗"

11 杂交老鹳草 "苹果花"

12 芝樱 "奥金顿蓝眼"

13 拟景天 "大地之血"

14 半日花 "安娜贝尔"

15 大花多叶金丝桃

16 花叶高加索南芥

17 高山紫菀

低维护花园

立桩、捆绑、除草、修剪……尽可能把这些劳作减至最少，有助于你更好地享受花园生活，即使它只是城市中的弹丸之地。

案例中的设计要点

✓ 在狭小的空间里，设计丰富有趣的地面铺装。

✓ 一个用于户外休闲娱乐的区域。

✓ 通过格栅架和攀缘植物充分利用墙面空间。

✓ 盆栽种植易于维护，并配以自动浇水系统。

✓ 所用的小型水景几乎不需要维护。

✓ 独立的烧烤区域。

✓ 一片抬高的砖铺基座用于展示盆栽植物和装饰品，亦可用作坐凳和桌台，若有需要，基座下方还可增设储物结构。

✓ 在炎热的阳光下，有一处凉爽的遮阳区域。

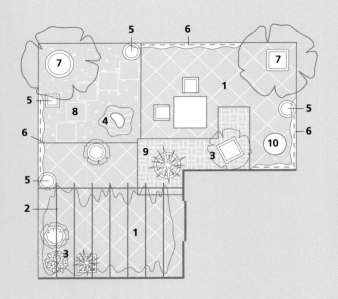

要素图例

1 石板铺装　　　　**5** 盆栽攀缘植物

2 遮阳篷　　　　　**6** 壁挂格栅架

3 盆栽植物　　　　**7** 盆栽小乔木 / 大灌木

4 小型水景　　　　**8** 碎石铺地和汀步石

9 砖铺基座

10 烧烤炉

要素的变化搭配

如果你喜欢这个花园的整体设计，但想看看其中的要素还有哪些不同做法，可参考第250—251页的"要素的变化搭配"。

壁挂格栅架

这是一种简单的架构，不仅能为许多攀缘植物提供支撑，还能遮盖不雅观的墙壁。根据攀缘植物的生长速度选择足够结实、足够大的格栅架。施工时先在墙壁上固定水平或竖直的木条，然后把格栅架钉在这些木条上——这样一来，格栅架和墙壁之间会留有空隙，能让枝条更好地缠绕，同时为小鸟和昆虫提供了庇护所。

砖铺基座

形态与抬升花坛相似，但用硬质铺装代替了土壤。它能成为盆栽植物和装饰品的展示台，当你缺少座椅的时候也可以坐在上面休息。改变砖的样式能带来更多趣味，也可以与其他材料混合铺设，例如小块石板等。你还可以用木板覆盖在基座上面，创造一个平台空间。

碎石铺地和汀步石

碎石、石屑、砾石……对于不经常用于行走的地面，这些细小而坚硬的小石子是经济又美观的覆盖材料。最好把它们铺在坚硬平整的地基之上，如果条件难以允许，可以先在地面上铺一层覆盖物，防止碎石混入下面的土壤。在需要经常通行的路线上铺设汀步石，更方便行走。

巧用色彩制造空间感和距离感

当我们观察自然中的田野、森林和山脉时，风景越向远处延伸，蓝色、灰色和紫色的色调越浓重。相反的是，明亮强烈的色彩通常出现在前景，距离越近越显鲜艳。

白色的花境更容易维持效果，还能营造开阔的空间感。

在现实生活里，你可能会因为一些原因（时间太少、年龄增加等）想要减轻花园里的劳作。如果不推倒重建，还能采用哪些方法呢？

- 调整种植的类型，如果是"劳动密集型种植"，例如一年生花境或大面积的月季花坛，可以考虑用低矮的常绿灌木或宿根地被植物代替。

- 对于必须踩梯子修剪的高大绿篱，每次多剪一些，可以减少修剪的次数，或改用生长较慢的树种减少修剪频率，还可以用攀缘植物覆盖的栅栏替代绿篱。

- 把修剪费力的小块草坪换成砾石或树皮铺地，把形状怪异的草坪改成更容易修剪的几何形状。

- 草坪上不要设计孤植灌木和岛状花境。

- 在花坛和花境的土面上铺设覆根物，可以抑制杂草并保持土壤水分。

- 减少盆栽植物的数量，或采用自动滴灌系统减轻浇水工作量。

- 如果花园的土壤很干燥，你的植物也需要定期补充水分，宜安装贯穿全园的灌溉系统。

- 小池塘的维护量较大，你可以架上金属网，覆盖以卵石或碎石，把它改造成安全且低维护成本的水景。

在花园里，我们也可以利用这个视觉现象创造空间和距离感的"错觉"——在距离相等的情况下，蓝、紫色的植物显得比红、橙、黄色的植物更"远"。

将蓝色和紫色的植物集中在远端，同时在近端使用明亮的橙色和红色，这样做能让花园显得更"长"。为了达到效果，远景里的蓝色和紫色不要混在较亮的色彩中，而是要成组成片地集中出现。

白色、银色和其他浅淡色彩能让花园显得宽敞，当这些浅色在围墙、凉亭、

红色、橙色等明亮鲜艳的色彩出现在前景，能让花园看起来更长。

拱门和铺装上反复出现时，能营造开阔疏朗的氛围。相反，许多深邃的大地色彩（例如深绿色、棕色和深灰色）会把空间"封闭"起来，使空间显得狭小局促——19世纪的造园者为了制造神秘幽深的意境，会故意在洞窟里种植桃叶珊瑚、桂花、针叶树和蕨类植物。

种植设计

案例中选用的植物

灌木、攀缘植物和宿根植物能在容器里很好地生长，除了定期浇水和每年重新上盆之外，不需要太多维护。市面上有多种多样的容器可供你挑选，涵盖各种尺寸、各种材质，价格从高到低应有尽有。

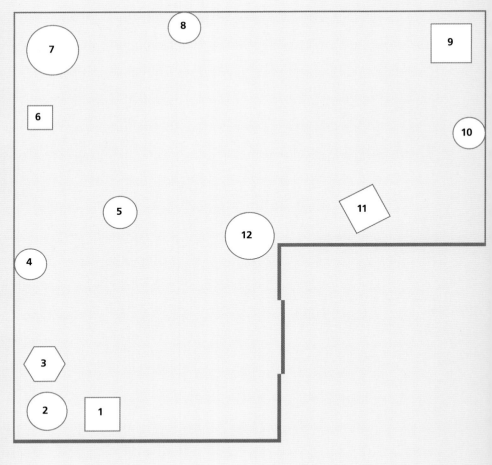

盆栽攀缘植物和盆栽贴墙灌木

攀缘植物和贴墙灌木可以种在容器里，经过牵引能够覆盖墙面、格栅架等垂直结构。若想达到最佳效果，要确保定期施肥（生长季节每7—10天施一次液体肥或叶面肥，或一次性撒入缓释肥颗粒），还要定期浇水、每年重新上盆。即使是已经长大成形的盆栽攀缘植物，也需要换盆或更替表土，必要时进行修剪。

素馨是非常优秀的盆栽植物。

适合向阳位置的盆栽攀缘植物和盆栽贴墙灌木

- 红萼苘麻
- 狗枣猕猴桃
- 高山铁线莲
- 鹦喙花
- 金心常春藤"博格利亚斯科黄金"
- 金边素馨
- 西番莲
- 亚洲络石
- 紫叶葡萄
- 紫藤

适合荫蔽位置的盆栽攀缘植物和盆栽贴墙灌木

- 红珊藤
- 铁线莲"繁星"
- 扶芳藤
- 常春藤"瑞波"
- 冠盖绣球
- 迎春花
- 香忍冬"格拉汉姆·托马斯"
- 川鄂爬山虎
- 冠盖藤
- 绣球钻地枫

中庭花园

被建筑物包围的中庭空间也能展现很多别出心裁的设计，由于围合而产生的小气候，允许更丰富的植物生长。这个设计方案适用于一般大小的中庭花园，在设计中，几处停坐点位经由圆弧路径串联起来，在方形空间里创造出自然的行走流线。

案例中的设计要点

✓ 围合创造了温暖遮风的小气候，一些本来无法在温带地区过冬的热带植物也能在此生长。

✓ 有大量竖直界面可以种植攀缘植物、贴墙灌木和悬吊盆栽。

✓ 这个区域面积虽较小，却有着多样的生长环境——从凉爽、荫蔽、潮湿到炎热、向阳、干燥——可以为不同植物群组提供生长条件。

✓ 由于周围墙壁的遮挡，芳香植物的香气经久不散，愈发浓郁。

✓ 漆上颜色的墙壁，与植物形成和谐或对比的色彩关系。

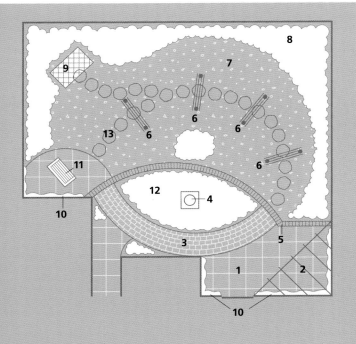

要素图例

1 方石板铺装　　　　5 砖砌镶边

2 遮阳廊架　　　　　6 攀缘植物拱门

3 砖铺园路　　　　　7 砾石地面

4 日晷　　　　　　　8 边缘种植区域

9 凉亭

10 贴墙灌木和攀缘植物

11 长椅

12 低矮种植区

13 汀步小径

要素的变化搭配

如果你喜欢这个花园的整体设计，但想看看其中的要素还有哪些不同做法，可参考第250—251页的"要素的变化搭配"。

关键要素

汀步小径

汀步可以作纯粹的观赏，也可以承载实际的行走功能。汀步的材料可以用加工好的石板、硬木薄板（例如橡木和桤木）、天然石材，或用地砖拼成小方块作每个踏步。无论哪种材料，"嵌"在地面中的效果最好，而不要"盖"在地面上。

日晷

日晷有多种形式和尺寸——从传统的小石柱造型到现代的不锈钢设计。它们可以用作视觉焦点，或庄重地出现在草坪中央，坐落在砖块镶边的圆形砾石地面上，或随性地安置在柔和、低矮的宿根植物丛中。无论摆放在哪里，都要确保阳光可以直射到它。

遮阳廊架

在炎热的夏天里，阴凉的地方非常受欢迎。廊架可以快速简单地制造阴影——在头顶上架设横杆和板条，或拉起遮阳网，可以在全年提供稳定的荫蔽环境。或者把廊架设计得更加简洁开敞，配合生长快、叶片大的攀缘植物，在夏天投下阴影，冬季叶子落光后，下方也能晒到太阳。

设计细节

拱门和廊架

拱门、廊架等竖向结构可以为花园增添高度感，同时为攀缘植物提供支撑，除此之外，你还可以赋予它们其他作用。

拱门可以成为两个区域间的转换连接，无论它们是否有"门"的结构。它们还可以作为"视觉景框"，框住远处的风景和花园里的焦点物。

廊架可以创造阴凉的区域，还可以作为过渡空间，连接住宅房屋和花园建筑（如工具棚）。

建造拱门和廊架的材料应与花园的风格相统一，例如锻铁适用于复古浪漫花园，原木适用于传统乡舍花园，还可以砖石为柱，在上面架设橡木横杆，适用于规则式花园。

如果你的花园拥有某个明确的主题，可以尝试在构筑物上呼应它。例如用圆顶拱门呼应"弯弧"或"圆"的主题；或用混凝土和钢铁呼应"现代感"；再或者，以某个强烈的色彩为线索，把拱门、廊架和其他花园设施（比如户外家具和装饰品）联系在一起。

这棵白花紫藤的花朵在白色廊架上层层叠叠，非常美丽。

适合在廊架上制造阴凉的爬藤植物

- 美味猕猴桃（夏季）
- 小木通（全年）
- 香花铁线莲（夏季）
- 东方铁线莲（夏季）
- 金心大叶常春藤"硫黄心"（全年）
- 淡红忍冬（全年）
- 紫葛葡萄（夏季）
- 紫叶葡萄（夏季）

适合攀爬拱门的月季品种

- 阿罗哈（橙中带粉）
- 阿玛迪斯（紫红色）
- 加西诺（黄色）
- 火焰舞（红色）
- 黄金雨（黄色）
- 红保罗（红色）
- 菲利斯彼得（粉中带黄）
- 粉色佩彼特（粉色）
- 天鹅湖（白中带粉）
- 瑟菲席妮·杜鲁安（深粉色）

月季是极受欢迎的拱门植物，许多品种能在整个夏天里持续开花。

种植设计

3

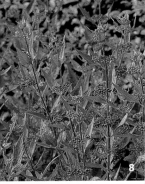

8

25

37

案例中选用的植物

该设计运用了"柔和"的植物创造安静沉思的氛围。细节上强调花朵柔和的颜色以及叶片有趣的形状和色彩。植物的组合也反映了庭院内生长条件的逐渐变化，从向阳到背阴再到向阳。

种植图例

1 白花紫藤（遮阳棚架）

2 薰衣草"孟士德"（平台边缘）

3 华丽木瓜"红与金"

4 半日花"萨德伯里宝石"

5 百子莲"布雷辛汉白"

6 金叶短筒倒挂金钟

7 墨西哥橘"阿兹台克珍珠"

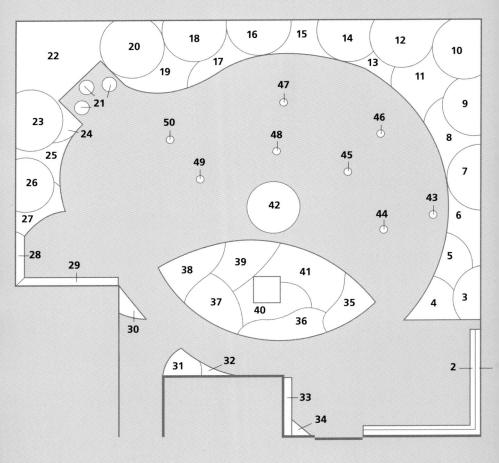

根据环境条件选择植物,例如图中的潮湿位置种植了玉簪和蕨类。

阴暗潮湿环境的种植调整

以砖铺小径为界,日晷所在的枣核形花床种植了很多喜阳喜干燥的宿根植物。如果这个位置处在阴暗潮湿的环境,使用以下方案同样可以创造充满吸引力的植物组合。

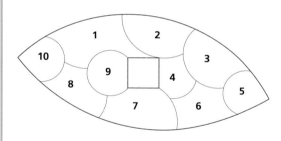

1 荷包牡丹"繁茂"

2 蓝叶玉簪"哈德斯本蓝"

3 齿瓣虎耳草"红叶"

4 台湾油点草

5 金叶旋果蚊子草

6 东方铁筷子

7 荚果蕨

8 落新妇"鬼火"

9 掌叶橐吾

10 巨伞钟报春

简约风格花园

市面上有那么多植物，那么多花园设施，让人忍不住想把花园塞满，但若采取克制的态度，效果也许反而更好。这需要强大的自制力和坚定的信念，只把几个简单的元素组合在一起，也能形成完美的构图。简约风格的优势在于，每个元素的形态、线条、颜色和形式感都能被充分的欣赏。

案例中的设计要点

✓ 为近距离欣赏植物而设计的一系列空间。

✓ "结构植物"和"细节植物"搭配组合，营造强有力的视觉效果。

✓ 花园看起来很宽敞，其中亦包含着许多实用的设计。

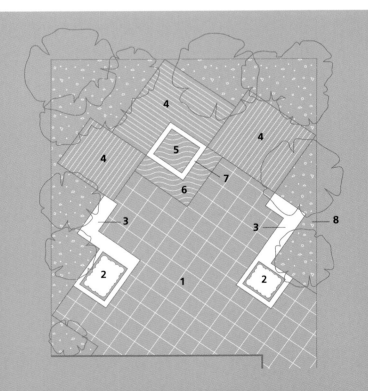

要素图例

1 休闲平台   花坛的边缘扩展）

2 抬升花坛   **4** 高低错落的木平台

3 嵌入式座椅（抬升   **5** 抬升水池

6 地面水池

7 跌水瀑布

8 覆根物（碎石 / 卵石 / 石块）

要素的变化搭配

如果你喜欢这个花园的整体设计，但想看看其中的要素还有哪些不同做法，可参考第250—251页的"要素的变化搭配"。

关键要素　　　动手搭建

跌水瀑布

让水流如同一片闪亮的玻璃，从高处泻入地面水池。关键是出水口，要用非常薄的材料制作（如不锈钢板）。如果瀑布不能顺畅地跌落，很可能是因为动力不足，需要更换容量更大的水泵。若想要更壮观的效果，还可以在瀑布下方安装水下照明。

高低错落的木平台

通过设计轻微的高度变化让木平台变得更加有趣，就像走在一系列加宽的"台阶"上。它们宜出现在转角处和空间形状发生变化的显眼位置。但层次变化也不要太多，不然每一层平台可能会变得很小，并不实用。在细节上，竖直的"踢面"与水平的"踏面"宜用反差较大的颜色加以区分，能突出高度落差。

抬升花坛

在地势平坦的花园里，宜用抬升花坛制造高度的变化。花坛的挡土墙还可以作为"临时座椅"，只要高度和宽度合适——大约 45 厘米高，20—30厘米宽。若要把它设计成固定的停坐点位，可在挡土墙顶部加盖一层平滑的木板，再摆放一些坐垫。将花坛中的土壤正好堆到顶部，这样低矮植物可以轻松地"溢出"边缘，与挡土墙形成柔和的对比。

简易木平台

与铺设石材和浇筑混凝土地面不同，木平台的建造一般不需要挖掘大量土方等繁重的准备工作。

"不积水"是木平台的优势。如果你想要一个干爽的抬升区域，或是靠近房屋外墙建造宽阔的台阶，但怕湿气进入墙壁，那么木平台是很好的选择。

木平台周围的植物有助于遮掩生硬的边缘线条。

所需材料

- 户外硬木木方，例如铁路枕木，作为木平台的基础。

- 沙子和水泥，用于制作砂浆。

- 户外软木木方，横截面为 5 厘米 × 10 厘米，作横梁。

- 木板（例如市面上常见的 10 厘米宽、2 厘米厚的预制板）。轻微打磨去除毛刺，但不要太光滑。

- 碎石

- 盖布

- 钉子 / 螺钉

- 油漆

轻微的高度变化能带来更多趣味，可用于大多数花园。

搭建步骤

1 确定木平台的区域，清理地面，平整土地。

2 将枕木放在地面上，确保其摆放平稳，如果不平稳可用砂浆（沙子和水泥）抹在下面找平。如果地面松软，则向下挖掘至坚硬的土层，如果挖掘的深度大于枕木高度，就在坑底浇筑一层混凝土，固化后将枕木放在上面。确保枕木的顶部高出地面至少 2 毫米。

3 在枕木之间的地面铺设盖布，撒一些碎石压住盖布，防止杂草生长。

4 把横梁木方架在枕木基础上，用钉子或螺钉固定（这么做不是为了增加结构强度，而是为了之后方便安装木板）。

5 把一条木板放在横梁上，方向与之垂直，用钉子或螺钉固定。

6 以相同的方式安装余下的木板，木板与木板之间留出 4—6 毫米的空隙，以便排水和搬移。

7 再用一条木板作封板，用钉子或螺钉固定在梁的两端，从侧面遮挡下方的空间。

8 最后一步，给木平台刷漆上色。

种植设计

案例中选用的植物

若想把植物很好地融入这样一个克制的设计，植物的精挑细选至关重要。虽然这里只用到几种植物，但它们都具有明显的"建筑感"（这也是选择它们的原因），且包含了丰富的枝叶形状和质感——高挑纤细的枝条、醒目尖锐的叶形、茂密常绿的枝叶等等。有些形态近乎几何图案，有些则是不规则形状，如抽象的雕塑。精心安排每个植物的点位，确保它们都能被充分的欣赏，但作为整体，它们在全年任何时候都是和谐平衡的。

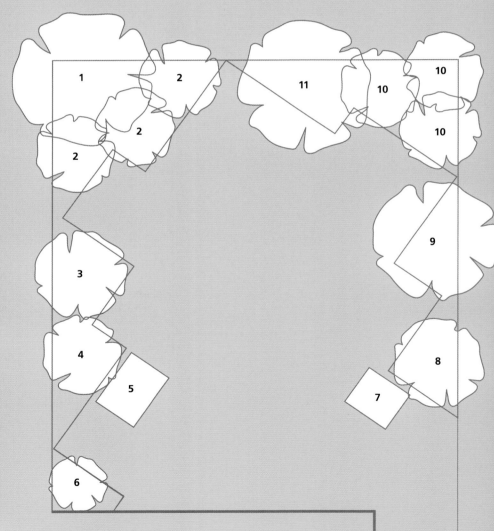

具有"建筑感"的植物

对于什么是"有建筑感的植物",似乎没有准确的定义,也没有衡量方法。然而,"建筑感"又是一个在园艺中(尤其是现代设计中)经常用到的形容词,应该赋予它一些解释。

植物的"建筑感"主要体现在植株形态和枝叶特征,例如硕大、醒目的叶片(例如楤木),又如独特的外形轮廓(例如丝兰)。观花植物很少被归为"建筑感"植物(如金露梅、绣线菊和山梅花),大概由于其叶片和花朵较小,不够显著。黄杨和红豆杉的叶子虽然也很小,但其植株可以修剪成整齐的几何形态(如球形、圆柱形、金字塔形),与构筑物相仿,所以也可称"建筑感"。而多数体形矮小的植物(高山植物、欧石楠、矮生宿根和矮生针叶树)因为高度不够,很难塑造"建筑感"。

"建筑感"植物选例

- 楤木、多刺楤木

- 竹类(例如菲白竹、矢竹、大叶苦竹、业平竹)

- 美国梓树、杂交梓树

- 朱蕉

- 锥形乔灌木(例如柱形地中海柏木、欧洲山毛榉"道克"、锥形欧洲红豆杉)

- 株型强壮的观赏草(例如芦竹、拂子茅、芒、针茅)

- 株型强壮的柏类

- 十大功劳、冬阳十大功劳、阿里山十大功劳

- 大叶片宿根植物(例如玉簪、橐吾、新西兰麻、掌叶大黄)

- 松类

- 丝兰

株型强壮、直立生长的观赏草(例如图中的芒草)是很好的"建筑感"植物。

干热花园

如果你的花园炎热又干燥，就需要从两个角度思考设计——"花园使用者"的角度和"植物"的角度。结合所在地的气候条件，必须在设计上做出平衡：是为了更舒适地享用空间而创造阴凉环境，还是为了最大限度地利用阳光和热能而不设遮挡。

案例中的设计要点

✓ 花园里有许多可以停坐的位置，在一天中的各个时间段，无论你想坐在阳光下还是阴凉处，都可以满足。

✓ 所选植物一旦生长成形，均可在炎热干燥的条件下茁壮成长，只需很少的养护。

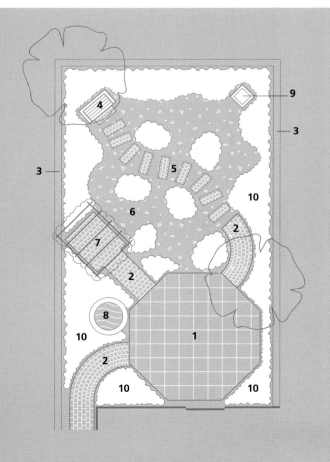

要素图例

1 休闲平台

2 园路铺装

3 边界围墙

4 树荫下的座椅

5 汀步小径

6 砾石地面

7 遮阳架构（附有攀缘植物

8 自循环水景

9 石瓮

10 种植区域

要素的变化搭配

如果你喜欢这个花园的整体设计，但想看看其中的要素还有哪些不同做法，可参考第250—251页的"要素的变化搭配"。

遮阳架构

如果花园里没有自然成荫的地方，可以搭建一个简单的遮阳架构，以便在炎热的白天坐在下面乘凉。配合生长力强、叶片硕大的藤本植物（如葡萄）或生长旺盛的攀缘花卉（如金银花和素馨），以增加吸引力。若想要更浓的阴影，可在立柱间加设网格板。

石瓮

在花园里使用瓮罐，有以下几种方法：将其用作纯粹的雕塑，不加种植，藏在花境中制造隐秘的惊喜；或摆放在空旷的位置，成为引人注目的焦点；还可以作为盆栽容器，种植明亮的一年生花卉，制造一抹艳丽的色彩，或种植矮小的针叶树，收获持续全年的仪式感。

砾石地面种植

薰衣草、春黄菊和马鞭草等喜阳植物，在砾石覆盖的地面上受益良多，因为砾石地面不仅能反射热量，还能抑制杂草生长。在砾石铺地中混入大小参差的石块或海滩卵石，可以营造充满质感的对比。

构建水景

水景是花园绝佳的视觉焦点。注意以下几个方面，让水景在发挥作用的同时保证安全无虞。

电路

带有漏电保护器的安全电路是必不可少的，如有任何不确定，请向专业电工咨询。所有户外电器的连接插座必须选购防水款式。尽量使用有金属套管的电缆，若是塑料或橡胶涂层电缆，请把它们套进硬管中加以保护。

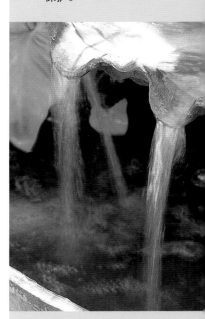

流动的水景增添了趣味的光影和声音。

水箱

使用大号水箱承蓄喷泉等水景，可以减轻因蒸发而导致的水位下降问题。尽管如此，仍要在炎热干燥的季节每周检查一次水位，保持水量充足，条件允许的话尽量使用软水。

确保水箱顶部的支撑网架足以承托上部景物的重量（例如瓮罐和磨盘石），还有石块、砾石等附加物，都要安全地承载其上。

潜式水泵

选择容量比实际需要略大的水泵。如果流量太大，可调节阀门将部分水流转回水池。确保水泵放置在方便维修的位置。安装之前，先在大水桶中测试。

为了保护水泵，石块砾石等材料放上网架前要彻底冲洗干净，以免有杂质掉入水池。把水泵放在一块平坦的石头或砖块上，这样落在水箱底部的大块淤泥才不会被吸进水泵。

使用灵活易弯的波纹软管连接水泵，导出水流。实壁软管过于僵硬，在如此狭小的空间里容易折损。

炎热的花园里，一处小小的水景便能制造清新舒爽的感受。

⚠ **增强水景的安全性**

水景对儿童有潜在危险，在设计之前，可从以下几个方向思考。

- 若花园分为两三个独立区域，水景可放在其中一个区域里，并用栅栏和园门隔离，成为安全区域。
- 在池塘边缘加设锻铁栏杆等装饰性围栏，并确保孩子无法从空隙钻进去。
- 设计"安全水景"，把承蓄喷泉溪流水量的储水结构隐藏在地下。
- 在池塘上面盖一张能承载儿童重量的钢丝网——这不是很美观，但如果你刚搬进新宅，不想填掉已有的水池，这是个实用的解决办法。
- 在新建的池塘中增设承重网架，使其潜于水面之下 2.5 厘米，从外边看几乎看不到。
- 如果家里有小孩子，可以在承重网架上再铺一层网眼更小的铁丝网，防止他们的小脚被卡住。但这层细网不利于浮水植物（如睡莲）和需要游到水面上觅食的鱼类生长。

种植设计

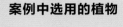

案例中选用的植物

这个花园里种有大量柔和的植物，突出了轻松愉悦的浅淡色彩——白色、蓝色、粉色和黄色。若想要不一样的效果，营造生动活泼的氛围，需要加入较热烈的红色、橙色和紫色。

种植图例

1 黄花厚萼凌霄

2 黑叶鸢尾

3 菁草 "安西娅"

4 橙花糙苏

5 岩蔷薇

6 绵杉菊

7 薰衣草 "福尔盖特"

8 巨针茅

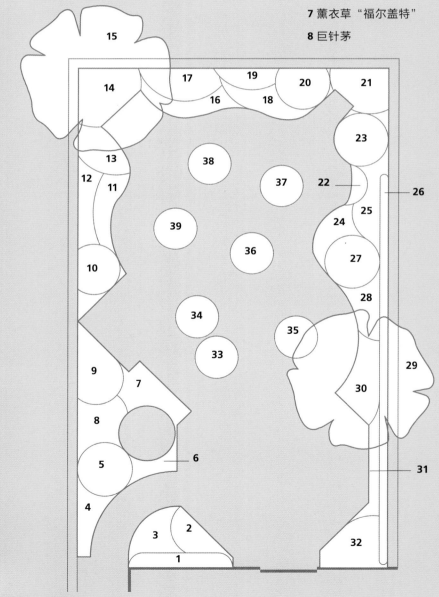

适合干热花园的植物

判断一种植物是否适合在炎热干燥的环境中生长，可以观察其叶和茎，如果具备以下一个或多个特征，通常意味着它具有耐受炎热干燥的能力。

• 叶片上被覆着许多绒毛，类似羊毛的质感，例如绵毛水苏和橙花糙苏。

• 叶片呈银色或灰色，例如薰衣草和鼠尾草。

• 枝茎细而坚硬，叶片小，例如金雀花、鹰爪豆和百里香。

• 叶片坚硬或呈革质，例如月桂和岩蔷薇。

• 叶片有香气，例如艾蒿和迷迭香。

• 纤细、坚硬的针状叶，例如松树和柏树。

打理维护

喜阳耐旱的植物也需要吸收水分。但要注意，其中许多植物，特别是那些银灰色叶和被覆绒毛的品种，不喜欢叶片长期受潮。矮生、垫状的喜阳耐旱植物，会因潮湿遭受严重的影响，导致茎叶腐烂。用砾石或石屑覆盖植物根部，可以让水分迅速排走，并保持植物周围的空气干爽。与之相反，有机覆根物（如树皮和堆肥）会在植物周围创造更湿润的环境。使用砾石或石屑作覆根物的另一个好处是，它们可以把光线和热量反射到植物叶片的背面。

一个炎热干燥花坛的种植方案

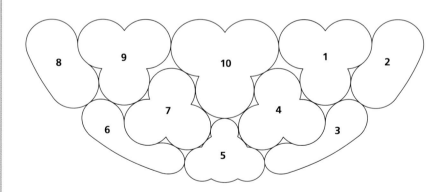

1 木茼蒿 "牙买加樱草"　　　　**6** 蓝目菊

2 一串红鼠尾草　　　　**7** 美人蕉 "篝火"

3 花菱草　　　　**8** 宿根天人菊 "小精灵"

4 美人蕉 "迪·巴托洛"　　　　**9** 木茼蒿 "桃红脸颊"

5 金光菊 "金源"　　　　**10** 蓖麻 "黑斑羚"

林地花园

由三棵以上落叶树组成的小树林里，头顶的树冠交织使树下阳光减弱，脚下的土壤层也较薄，再加上树根对水分和养分的攫取，这些影响因素叠加在一起，催生出独特的林下种植风格，其中包括耐阴的灌木、球根和宿根植物。这些植物通常会赶在每年落叶树长叶之前尽快完成生长、开花的过程，以此策略争取珍贵的光照和水分。

案例中的设计要点

✓ 桦树、桤木等落叶乔木。

✓ 随着树木长成，树冠会彼此交错，但枝叶间也会留有一些空隙，少量阳光从那里穿过。

✓ 林下植物由耐阴暗凉爽环境的宿根植物、球根植物和蕨类组成。

✓ 沿着林地的边缘种植观赏性强的灌木和宿根植物，它们在向阳和半阴环境中长势更好。

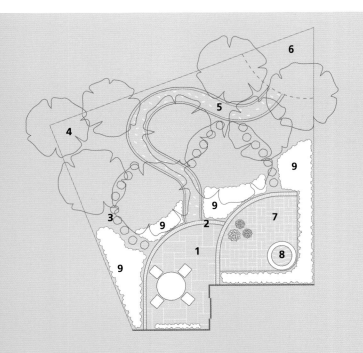

要素图例

1 天然石材平台（大小 矩形石材随机拼接）

2 砖砌镶边

3 汀步小径

4 落叶乔木

5 园路（树皮铺地，木板边框）

6 杂物区／堆肥区

7 砖铺平台

8 抬升池塘

9 种植区域

要素的变化搭配

如果你喜欢这个花园的整体设计，但想看看其中的要素还有哪些不同做法，可参考第250—251页的"要素的变化搭配"。

林下种植

任何落叶乔木和落叶大灌木的下方都可以建立林下种植区，所选植物需能忍受一定程度的荫蔽，或能在乔灌木的树冠完全长成之前完成生命周期（例如春季开花的球根植物）。这种林下种植方式能够充分利用有限的种植空间，很适合小型城市花园。

木板边框园路

用木板框住园路的边缘，通过木桩将木板固定在地上，这种园路的制作快速简单又相对便宜。它很适合出现在林地花园等自然环境中，若在路面上覆盖可供行走的树皮碎片，效果会更加出色。这种方法也可用于规则式园路，呈现笔直的边缘和正交转角，并散铺碎石或石屑。需要注意的是，这里面使用的任何木材都要经过防腐和防蛀处理。

篱笆式围栏

篱笆式围栏是一种感性的设计，每块木板之间留有空隙，光线透过空隙，使它看上去并非厚重的实体。在自然环境中使用篱笆式围栏，最好不涂刷颜色，任其自然风化，这样能与周围环境更加融合。或者，为了呼应花园里的廊架拱门，也可以将篱笆刷成特定色彩。

树皮园路

木板框边的树皮园路能与林地的自然氛围相得益彰。虽然它的建造相对简单，但要把它弯成较大的弧度仍需要一些知识和技巧。

喜爱半阴环境的宿根植物是理想的林下种植素材。

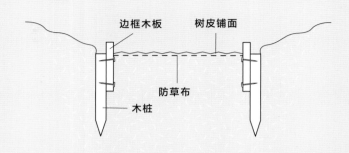

所需材料

- 户外软木木板，约 1.5 厘米厚，宽度不小于 10 厘米
- 户外软木木桩，横截面约 3.8—5 厘米见方，长度不小于 30 厘米（如果地面松软则需更长）
- 平头镀锌钉子，长度约 6.5 厘米
- 专用防草布和固定防草布的地钉
- 装饰性树皮碎片

搭建步骤

1 沿着预想园路的两侧边缘挖浅沟，沟的深度足以放下木板。

2 长木板比短木板更容易弯出弧度，4.6—5.4 米之间的木板易于弯曲和操作。如果你用的是短木板，可以把两块连在一起使用——通过一块约 35 厘米长的夹板把两块木板钉在一起。

3 沿着园路两侧边缘，每隔 1—2 米打一个木桩。它们需要间隔足够的距离，以确保木板的稳固。

4 在沟中放置一块木板，用木桩将其固定到位。如果木板较厚，可能无法弯成太大的弧线，这时需要通过锯切平行凹槽来减轻弯弧内侧的压力，凹槽的深度不超过板厚的三分之一。如果弯曲弧度很大，可能每隔 1 厘米就要锯一道凹槽。我们可以通过逐渐增加或减少凹槽的间距来改变木板的弯曲弧度。

5 锯好凹槽的木板需要在锯口上刷 1—2 层防腐漆加以保护，延长使用寿命。

6 将木板放回沟内，弯曲至预想弧度。必要时可以移动木桩，调整桩位以适应弧度。

7 将木桩扎入地面，扎至刚好低于木板上沿的高度，用至少两颗长钉固定木板和木桩。

8 沿着园路继续前进，必要时使用夹板法（见步骤 2）连接相邻木板。

9 如遇到急弯，可在外缘处增设木桩加固，顶住木板向外的推力，防止其向外移动。

10 移除路面上部分土壤，形成平整的地面基础。把防草布裁成相应形状，钉在地面上。

11 将树皮散铺在防草布上，厚度不少于 3 厘米，树皮铺面距离边框木板的上沿约 2.5 厘米。

种植设计

14

24

26

28

案例中选用的植物

这个种植方案基于一种"渐进式过渡":从房屋附近观赏性较强的植物,过渡到林地边缘观赏性较弱的植物(仍是园艺品种),最后以自然的林下地被结束。植物的色彩、质感大都是低调微妙的,只有一些特意设计的"亮色"点缀花园。林地边缘的种植区是连接休闲平台和林地的纽带,在春天,你可以透过它们看到林地花朵盛开的景色。随着春季花期过去,平台周围的植物将在之后的季节里成为主导。

种植图例

1 花叶芒

2 宽托叶老鹳草 "布克斯顿"

3 宿根福禄考 "橙色王子"

4 金丝桃 "希德科特"

5 羽扇豆 "贵族少女"

6 落新妇 "精神"

7 花叶红瑞木

8 红叶大花饰缘花

9 杜鹃 "贝瑞罗斯"

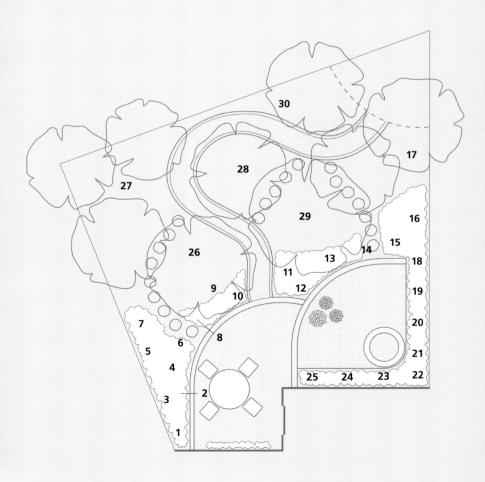

迷你林地花境

即使是小花园也可以创造林地氛围的花境，只需要有一块不是整天暴露在阳光下的场地——至少不是在最热的时节整天暴晒。树冠层由枝叶开散的落叶灌木充当，下面是低矮紧凑的宿根植物、观赏型蕨类和冬春季开花的矮小球根花卉。

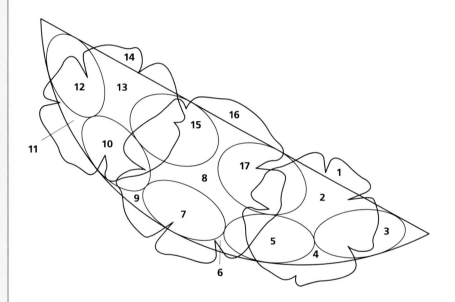

蔬果花园

采摘自己种植的新鲜蔬菜、水果和香草，是花园里无与伦比快乐的一件事。通过仔细的规划布局，再加上一些想象力，即使小花园也可喜获丰收，而且不会牺牲花园其他方面的功能。

案例中的设计要点

✓ 布局富有吸引力，包含了很多有趣的设施。

✓ 种植区之外仍有大面积的草坪和平台空间，还有一个游戏区。

✓ 这个方案易于建造，又经济实惠。

✓ 大面积的蔬果作物种植区。

✓ 高效利用所有可用空间。

✓ 有一座温室，让农作物产量最大化。

✓ 乔木、灌丛状香草和花园构筑物塑造了持续全年的结构感。

✓ 这座花园对大多数园艺师都很有吸引力。

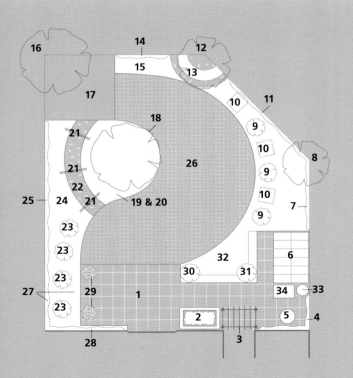

要素图例

1 休闲平台

2 抬升花坛（种植小型香草植物）

3 廊架（种植葡萄藤）

4 瓜类作物格栅架

5 烧烤区

6 温室

7 栅栏围墙（种植爬藤浆果类作物）

8 月桂树

9 柱形苹果树

10 方尖碑支架（种植香豌豆/爬藤豆类作物）

11 栅栏（种植爬藤豆类作物）

12 无花果树（美植袋种植）

13 长椅和砾石铺地

14 紧贴栅栏牵引塑形的"扇形"果树，例如莫利洛黑樱桃

要素的变化搭配

如果你喜欢这个花园的整体设计，但想看看其中的要素还有哪些不同做法，可参考第250—251页的"要素的变化搭配"。

关键要素

"家庭果树"

在相对较小的花园里种植"家庭果树"（Family fruit tree），可以收获多种顶级水果。"家庭果树"是在一个砧木上嫁接两三种苹果或梨子，这些品种由苗圃精心挑选，具有很高的产量。在多数情况下，不同品种会在不同的时节成熟，使"家庭果树"能维持长久的果期。

金叶月桂

金叶月桂可用于多种不同的用途。虽然它在蔬果花园的主要作用是生产烹饪用的香叶，但它也是一种优秀的常绿灌木，适合种植在向阳遮风的位置。金叶月桂还是绿篱雕塑的优秀素材——修剪成圆锥、圆柱、球体等简洁造型最为有效，还可以整排种植，通过修剪塑形成为规整的绿篱。

葡萄藤廊架

在炎热的地区种植葡萄藤，不仅可以制造阴凉，还能收获美味的果实，如果你会酿酒，还能自酿一两瓶葡萄酒。如果所处地区的气候较为寒冷，想收获甜美可食的葡萄，则须把它种在温室里。或者，你也可以只摘嫩叶制作美味的多尔玛德斯（希腊传统美食，类似葡萄叶饭卷）。

动手搭建

香草种植箱

在抬升种植箱里培育香草非常方便，尤其是体量较小的香草品种，例如百里香。找一个阳光充足的位置，把种植箱建在那里。抬升种植箱很容易维护，往里填充优良的生长介质，可以克服土壤贫瘠的问题。此外，种植箱本身也是富有吸引力的结构，可以在适当的高度上扩展成座椅。如果你厌倦了香草，还可以更换种植风格（例如砾石地岩生植物），或者把它改造成抬升水景。

用低矮的柳编围栏代替砖块或木头侧板，使种植箱充满吸引力。

所需材料

- 干净优质的枕木，或其他经过防腐处理的沉重木料
- 带孔的镀锌角钢支架，长螺钉（可选）
- 高强度无纺布
- 砾石或石屑
- 园艺地布
- 生长介质
- 香草植物

搭建步骤

1 切割木料，将其摆放到位，根据预想的箱体高度增加木料的层数。

2 在每个内角安装一个角钢支架以固定木料。

3 将无纺布裁成合适大小，将其铺在箱体内侧表面。这样可以防止土壤从缝隙中流失，也可以保护木材不受土壤侵蚀，延长使用寿命。

4 在箱底填放一层砾石或石屑，厚度为 2.5—5 厘米，再在上面盖上一块裁好的园艺地布。

5 填入生长介质（土壤），一边填一边轻轻地压实。

6 静置一段时间让土层沉淀，必要时再添一些土壤进去。然后种植香草植物。

7 最后在种植箱里铺一层卵石或瓦片或碎石做覆根物，增加美观性。

一组香草种植箱的种植方案

1 道氏百里香"布雷辛汉"

2 迷迭香"塞汶海"

3 金叶牛至"桑布尔"

4 花叶百里香"银色波西"

5 山韭

6 三色鼠尾草

7 花叶鼠尾草"艾克特里娜"

8 紫叶鼠尾草

9 虾夷葱"前瞻"

10 百里香"波洛克"

11 光叶牛至"赫伦豪森"

12 迷迭香"塞汶海"

13 金叶阔叶百里香

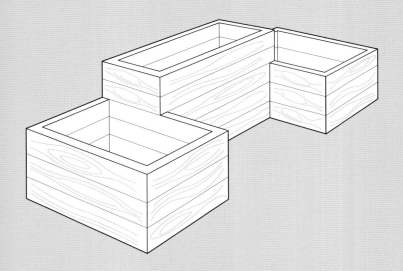

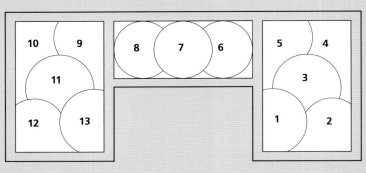

种植设计

案例中选用的植物

这个种植方案的目标，是在有限的空间里收获最大产量的蔬菜、水果和香草，但同时也不能牺牲花园的美观。方案中，木本植物塑造了景观框架，一年生植物（即众多蔬菜）以自由随机的"飘带式种植"填充在框架之中——这与草本花境的种植方法基本相同，避免直线、避免成行成列，以"飘带"呈现动态和韵律感。

在这类蔬果花园里，安排植物的时候要充分考虑光照环境，这一点特别重要。例如，辣椒和茄子要种在阳光最足、最温暖的位置，而菜豆和生菜最好靠着栅栏享受阴凉，远离白天的热量长势会更好。

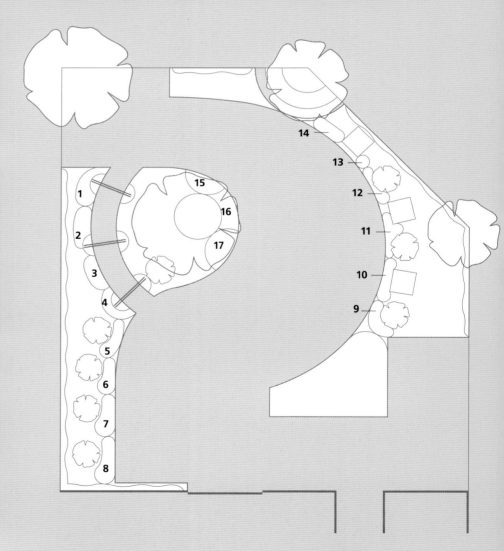

选择色彩鲜艳的作物品种为冬季菜园增添乐趣，比如这些
奇妙的紫红色甘蓝（Brassica oleracea）。

冬季观赏点

蔬果花园的重点是提供新鲜的蔬菜、水果和香草，因此只有仲春到秋季的这段时间是最佳观赏期。以下几点能帮助蔬果花园在休眠的冬季仍有景致可赏。

- 种植观赏型木瓜海棠，例如华丽木瓜 "红与金" 和华丽木瓜 "粉色女士"，它们也能结果实，虽然没有食果型木瓜海棠那么多产，果实也没有那么大，但它们能在冬末春初开出大量红色或粉色花朵。

- 在花盆里种植早春开花的球根植物，选择花期最早的品种，例如雪滴花、番红花和早花洋水仙。将盆栽放入花坛作季节性展示，一旦开完花立刻移出，待明年重新装盆。

- 在休闲平台上摆放容器，种植常绿灌木和早花灌木——茵芋、长阶花、欧石楠、卫矛等，它们能增强前景的冬季观赏趣味。

- 在秋季种植欧报春，这样它能在冬末和春季开花。花期过后不要立即移除，而是在它周围种上蔬菜作物，得益于蔬菜新发的枝叶，欧报春能在半阴环境里继续生长，待一段时间后将欧报春移出，进行分株扩繁，等到秋天再次种植。

- 在轮作种植计划中加入冬季的卷心菜、花椰菜和羽衣甘蓝，可以在整个冬季让花园维持绿意和结构感。

- 种植观赏型甘蓝专供冬季欣赏，实际上它们在冬季并不生长，因此必须在初秋时种下强壮的植株。到了春季再把它拔出来，腾出空间种植其他植物。

- 种植一些观赏性玉米（谷粒有颜色的品种），留住不摘，等它们自然风干，作冬季的装饰——可能需要用支撑杆绑住玉米枯萎的主干。

地中海风格花园

地中海地区温暖的气候和独特的地质条件造就了这种识别度极高的花园风格。若想在其他气候区域重现这样的花园，你需要了解是什么让它如此独特——温暖的自然材料、明媚的植物、对水的精心使用，以及用自由随性的安排方式将这些元素组合在一起。

案例中的设计要点

✓ 大量温暖明亮的"地中海色彩"——白墙、红陶、蓝色瓷砖、奶油色石块。

✓ 简单实用的设计布局，并由植物、材料和装饰品提供细节的趣味。

✓ 种植方案里有许多尖状叶片的植物，和花朵鲜艳醒目的植物。

✓ 炎热天气里一处凉爽的水景。

✓ 遮蔽物制造的阴凉，在炎热的白天提供庇护。

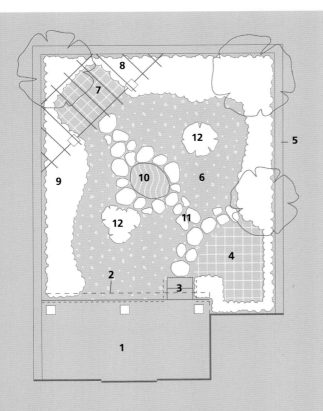

要素图例

1 架高露台，建有遮阳亭廊
2 栏杆
3 台阶

4 瓷砖平台
5 花园围墙（墙面刷白，顶部有盖板）
6 石屑铺地

7 阴凉停留区（铺装地面）

8 木质遮阳架构

9 花境种植区

10 水池和喷泉

11 自由排布的岩板园路

12 盆栽植物

要素的变化搭配

如果你喜欢这个花园的整体设计，但想看看其中的要素还有哪些不同做法，可参考第250—251页的"要素的变化搭配"。

壁挂盆栽

将花盆挂在白色或浅色墙壁上，种植明艳的一年生植物（例如红色天竺葵），可以为花园增添浓郁的地中海风情。选择阳光最充足的墙壁，让一年生植物旺盛地生长。如果墙壁是天然石或砖砌的，可以考虑刷浅色涂料提亮。

庭荫树

在炎热干燥的地区，庭荫树大多是常绿的，可以提供全年的遮阳庇护。有限的空间里尽量选用耐修剪的品种。若在气候温和的地区，用落叶树作庭荫树更好，虽然它们冬季会落叶，但温带地区冬天的太阳较低、光线较弱，对遮阳的需求不高。

盆栽植物

在红陶花盆里种植来自异国但易冻伤的植物，给花园增添地中海的情调。把它们视作一年生植物，一旦气温开始下降，就将其移到温暖避风的地方。由于是盆栽种植，你可以每年更改种植方案，还可以随时移动位置。

装饰性砾石地基座

只需花费少量的精力和金钱，就可以创造这个引人注目的景致。使用简单易得的材料，构建一片基座（或平台），在上面放置雕塑、花盆等装饰品。

砾石和石板的简单组合为特色花盆提供了理想的衬底。

所需材料

- 装饰性镶边石，如麦穗结形、扇形
  和平形等样式
- 细土
- 沙子，水泥（可选）
- 颗粒圆润的砾石
- 园艺地布
- 一尊雕塑（或其他装饰品）

搭建步骤

1 划出一个正方形区域，边长 1—1.2
米，一条边贴着草坪，其余部分均在
花境内。

2 沿着正方形的边缘挖窄沟，把镶边
石插入沟里，一边铺设一边检查水平，
用细土调整它们的高度，保持镶边齐
平。若想更长久稳固，可用水泥砂浆
灌进沟中作垫层。

3 将细土回填入沟内的空隙，将其
压实。

4 平整正方形内的地面，然后覆盖
地布。

5 将选定的装饰物摆在中央，最后撒
上砾石，覆盖住园艺地布。

减少花盆的水分散失

有些花盆的盆壁上有细微的孔隙（比如无釉陶土花盆），在炎热的天
气里，很多水分会从盆壁以及植物的叶片上散失。这意味着植物的缺
水反应会比预想中来得快。除非经常给它浇水，否则会出现危险。

- 在花盆内壁涂上沥青涂料或专用的池塘密封剂，防止渗漏。
- 填入生长介质前，垫上一层聚乙烯无纺布，别忘记在底部剪开一
  个排水孔。
- 将保水剂（通常是粉末形态）与生长介质混合。遵循制造商的用量
  指导，因为使用过量会让土壤变得太潮湿，导致植物扎根不良、定
  植不稳。
- 将盆栽放置在其他植物的阴影之下，避免太阳的炙烤。或靠着抬升
  花坛的挡土墙摆放盆栽，使阳光能晒到植物，但晒不到花盆。

碎石和石屑是很美观的覆根物，适用于所有类型的盆栽，
例如这些洋水仙。

种植设计

案例中选用的植物

虽然种植的目的是营造地中海氛围，但这些植物也适用于温带地区。其中，香草植物既能提供芳香气味，也拥有怡人的外观；其他的植物（例如木槿和凌霄）则具有色彩鲜艳、形态奇特的花朵。为了突出效果，方案中还使用了一些不太耐寒的异域植物，把它们种在花盆里，以便冬天转移到温暖避风的位置。

种植图例

1 金心细叶丝兰"金剑"
2 智利悬果藤（墙面）
3 西班牙薰衣草（墙脚）
4 星茄藤（墙面）
5 火星花"火鸟"（墙脚）
6 百里香
7 香桃木

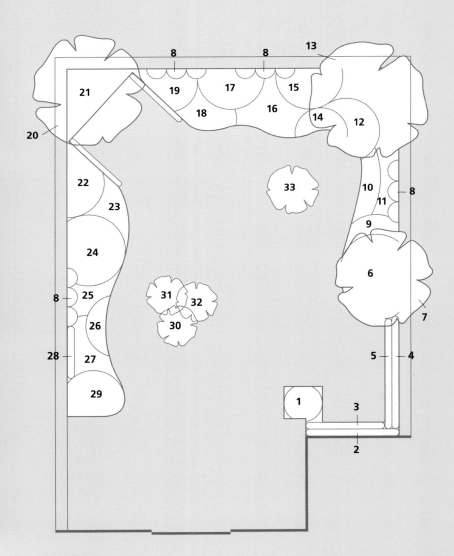

地中海风格小角落

原生自地中海气候区的植物，例如柑橘、三角梅、夹竹桃、朱槿、马鞭草、棕榈和油橄榄等，若在寒冷的地区种植，冬季须加以保护，因此它们更适合种在盆器里，冬天移至温暖避风处。除此之外，我们还可以选择以下具有相似气质的植物，但它们更加耐寒：

• 茎干木质化、叶片具有香气的香草植物，例如薰衣草和百里香。

• 喜炎热干燥环境的灌木和宿根植物，例如老鼠簕、百子莲、香科科、宽萼苏和半日花。

• 花朵鲜艳醒目的植物，例如秋海棠、火星花、锦葵、一年生天竺葵和一年生旱金莲。

• 具有醒目的尖刺状叶片的植物，如丝兰、鸢尾、朱蕉、新西兰麻、刺柏和柏木等。

地中海风格灌木选例

• 杂交岩蔷薇

• 摩洛哥金雀花

• 加州绵绒树

• 埃得纳染料木

• 木槿

• 薰衣草

• 奥比亚花葵

• 迷迭香

• 水果兰

• 凤尾丝兰

丛林风格花园

在大花园里，我们可以通过花境围合出不同的空间，既能遮挡景色制造神秘感，又能形成框景效果。但在小花园里，用于种植的空间有限，难以效仿，除非采用"错叠层次"的种植安排：在大量高大植物的下方种植体量较小的喜阴植物——这种设计能营造"丛林"般的效果，尤其在加入醒目奇特的叶片和异国情调的花朵后，这种"丛林"风格会格外突出。

案例中的设计要点

✓ 虽然空间不大，但宽阔高大的植物仍能把花园分隔成三个不同空间。

✓ 高大的乔灌木创造树冠层，在其下方种植体量较小的植物。

✓ 不同区域的光影变化模拟了丛林氛围。

✓ 围墙上的白色护板反衬出阴影的浓郁，同时凸显了植物的叶片。

✓ 硬质景观使用的自然材料与种植交相呼应。

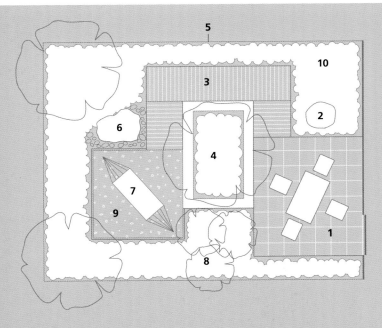

要素图例

1 石板铺装平台　　　　4 枕木花坛

2 造景岩石　　　　　　5 栅栏围墙（装有白

3 抬升木平台通道　　　　 色护板）

要素的变化搭配

如果你喜欢这个花园的整体设计，但想看看其中的要素还有哪些不同做法，可参考第250—251页的"要素的变化搭配"。

枕木花坛

陈旧枕木可以制作低矮的抬升花坛，操作简单又经济实惠，其他沉重木料也可考虑，只需经久耐用。不过，这些木料有时会渗出黏稠的树脂或沥青，所以如果想坐在枕木花坛的边缘，最好钉上平整干净的新木板充当坐板，并刷上防护漆，把新木板的色调压下来。

护板栅栏

若选用的植物具有奇特醒目的叶片形状，尽量让它们处在白色（或极浅色）的背景前——比起暗色围墙或栅栏，浅色背景更能凸显植物的形状轮廓和明暗变化。相反，如果你的植物非常明亮（例如叶片有黄色镶边），可以把栅栏涂成非常深的颜色，以突出对比。

吊床

传统吊床需要两棵结实且距离合适的大树，只能架设在两树之间。现在可以买到这种独立式吊床，任你放置在任何心仪的地方——可以在炎热的白天置于阴凉之下，也可以在清冷的傍晚移至最后一缕夕阳中。

屏障隔断

即使是小花园，也可以分隔成两个以上不同的空间，赋予不同特征的同时大大增添其魅力。根据你自己的需要和希望呈现的外观，决定用什么形式来划分空间，以及如何使用它。

这种围栏能形成半透的屏障，使花园边界显得柔和不生硬。

规整坚实的隔断

这类隔断通常采取栅栏或墙体的形式，塑造明确的阻隔和边界。如果不把它们用作吸引视线的焦点，最好用贴墙灌木或攀缘植物对其进行柔化。这类隔断的优点在于能快速成型，还可以用它在背向阳光的一侧制造阴凉。

疏朗透光的屏障

这类屏障通常由某种形式的格栅架组成：锻铁架和轻质木架制造的"隔断感觉"很轻盈，而重木架看起来会"实"很多。如果你不喜欢完全封闭的效果，这类屏障会很好用。还可以配合攀缘植物制造柔化效果，但要保证部分光线和视野能够穿透屏障。

绿篱

绿篱不会像墙体、栅栏、格栅架那样快速成型，但它的颜色和质地更加自然柔和。你可以用精心修剪的红豆杉绿篱营造整齐的规则感，也可以用月季等花灌木绿篱塑造自由随机的形式。绿篱的高矮也有不同：如果要完全围合封闭一个空间，1.8 米的针叶树篱会很有用，但如果要隐晦地暗示空间的变化，长阶花或薰衣草矮篱更适合。

植物屏障

用乔木、灌木、观赏草和宿根植物组成的混合花境分隔空间，是最自然的隔断形式。若要创造密实的屏障，宜用高大的灌木作主体，其间搭配一两棵乔木，于前景处种植宿根植物提供色彩。如果想要更疏朗的植物屏障，可以间隔分布大小不同的植物，使部分视线可以穿透屏障。

令人惊叹的叶片组合形成了一片丛林般的密实屏障，将花园其他部分遮藏起来。

种植设计

案例中选用的植物

这个种植设计的目标是给花园营造一种繁茂的、极具热带情调的氛围,出于同样的考虑,选择了如下植物品种,它们大多相当耐寒,加上城市花园相对温和的小气候,以及边界围墙的保温效果,有助于植物充分生长至最佳状态。

种植图例

1 大罂粟

2 橐吾"火箭"

3 金镶玉竹

4 石楠

5 高丛珍珠梅

6 山荷叶

7 智利火焰树

8 花叶八角金盘

9 紫萁

10 粗齿绣球"格雷斯伍德"

11 山桐子

12 维氏熊竹

13 滇牡丹

14 华西箭竹

15 总状土木香

16 棕榈

17 葡萄叶苘麻

18 蜜花

19 新西兰麻"夕暮酒"

20 金叶箱根草

21 臭牡丹

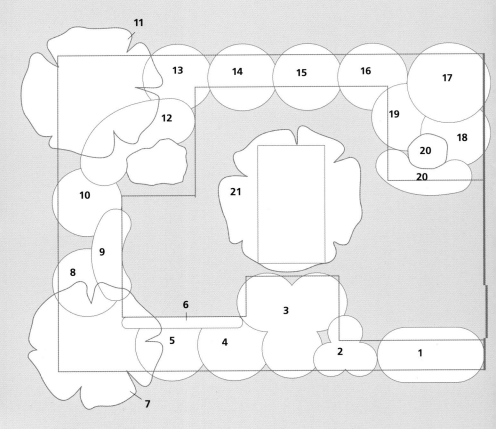

塑造植物屏障

由植物组成的自然屏障可以分为两类："密实的"和"疏朗的"。密实的植物屏障能够阻挡视线，可用来遮挡丑陋的建筑立面，也可以分隔私密的空间。疏朗的屏障能够"柔化"景致而非完全遮挡，也可以"轻盈地"暗示空间的划分。

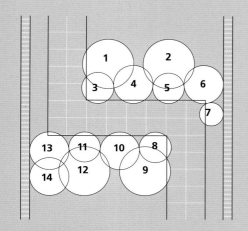

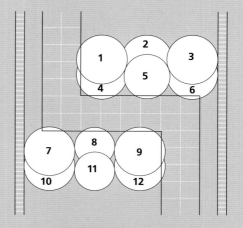

密实的植物屏障

1 花叶女贞

2 鲍德南特荚蒾"黎明"

3 金焰绣线菊

4 红叶石楠"伯明翰"

5 紫叶小檗"玫瑰光辉"

6 华南十大功劳

7 长阶花"大奥美"

8 金露梅"贝弗利惊喜"

9 醉鱼草

10 绯红茶藨子"爱德华国王"

11 冬青叶十大功劳

12 火棘"莫哈维"

13 重瓣棣棠花

14 华西箭竹"宁芬堡"

疏朗的植物屏障

1 醉鱼草"粉色喜悦"

2 茵芋"鲁贝拉"

3 欧洲大花连翘"阿诺德巨人"

4 川西荚蒾

5 红苦味果"耸立"

6 金叶蓝花莸"沃切斯特黄金"

7 鬼吹箫

8 金露梅"奶油色蒂尔福德"

9 布克木樨

10 桂樱"奥托·吕肯"

11 细叶芒

12 杂交薰衣草"奎伯霍尔"

现代城市花园

对于城市花园，如何克服围墙或栅栏的严密包围，克服邻居房屋的"俯瞰干扰"，继而营造出宽敞开阔的空间感，是一个巨大的挑战。针对这个挑战，本方案提供了全新的解决方法，来创造私密的休息区域，并选用了一系列富有现代感又易于生长的植物。

案例中的设计要点

✓ 宽敞的铺装区域，边界清晰，细节丰富。

✓ 花园分为三个各具特色的独立区域。

✓ 现代风格的布局、现代风格的装饰品和花园家具。

✓ 有一个隐蔽围合的私人浴池。

✓ 通过种植柔化边界围墙。

✓ 极少的打理维护量。

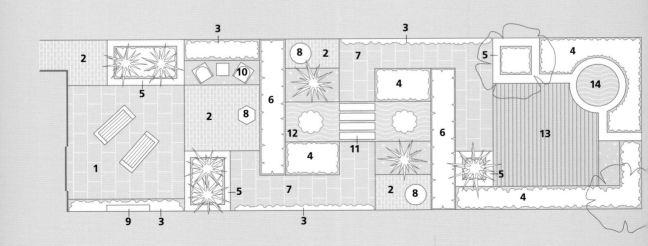

要素的变化搭配

如果你喜欢这个花园的整体设计，但想看看其中的要素还有哪些不同做法，可参考第250—251页的"要素的变化搭配"。

要素图例

1 休闲平台

2 地砖铺装

3 墙面种植

4 地面种植区和花境

5 抬升花坛（边缘加宽成为坐凳）

6 竹丛屏障

7 混凝土板铺装

8 现代雕塑

9 现代墙面雕塑

10 有机玻璃/玻璃钢户外桌椅

11 汀步石

12 矩形水渠

13 木平台

14 私人浴池

私人浴池和木平台

将浴池设置在一个有遮挡的私密角落，这样你可以悠闲地放松下来。木平台宜安排在浴池等有水活动区的旁边，它的脚感舒适，躺在上面也很舒服，但要确保干燥，不能打滑；可以的话，尽量把木平台安排在阳光充足的地方。或者用平整（但不打滑）的混凝土板或硬砖铺装，它们能在白天吸收阳光的热量，入夜后缓慢释放。

抬升花坛

建造一个或多个抬升花坛，可以为平坦的花园带来水平高度的变化。若挡墙拥有足够的宽度和高度，还可以充当坐凳，用砖、石或混凝土都可砌筑。如果不想用坐垫，可以在挡墙顶部加盖光滑的木板，和浴池相配。

雕塑

运用雕塑和其他装饰品，为花园添上点睛之笔。现代风格的花园需要搭配现代雕塑——由混凝土、不锈钢甚至塑料制成，或将石头木材等天然材料，雕刻打磨成抽象的有机形态。

花园夜间照明

花园在夜晚也可以使用，只需要投入一点财力和想象力，就能为花园装上灯光照明，从而彻底改变它。你可以安装低压照明系统，它很适合有孩子的家庭，但要配以独立的变压器（需要隐藏起来），或将变压器内置在照明装置中（这可能会增加成本）。电源电压照明系统不太适合有孩子的家庭，但用途很广，特别是大花园。最有效的花园灯光照亮的是被观看的物体和空间，而不是射向观看者。

微妙间接的花园照明比直接的头顶打光更有效果。

避免使用大体量、大功率的泛光灯，这种灯太亮，会吞没整片区域，盖住所有的层次和细节——可以换成若干个功率较小的照明装置，分散开来，形成几个射向地面的、相互交叠的小光圈。

向上打灯

将照射角较宽广的灯具固定在地面，灯光射向树冠，以一种与白天完全不同的方式呈现树木。

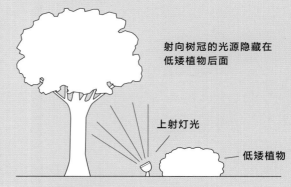

射向树冠的光源隐藏在低矮植物后面

上射灯光

低矮植物

背后打灯

灯光最适合藏在植物的背面，背后打灯可以投下阴影，在浅色背景（例如白色墙壁、金叶常绿植物）的衬托下，凸显植物枝干和叶片的形态轮廓。

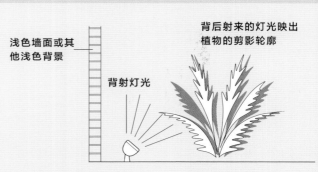

浅色墙面或其他浅色背景

背射灯光

背后射来的灯光映出植物的剪影轮廓

聚光射灯

使用聚光灯突出强调某个单体景物——墙上的雕塑、焦点植物或装饰品。若想突出浮雕的形态，宜从侧面打光。

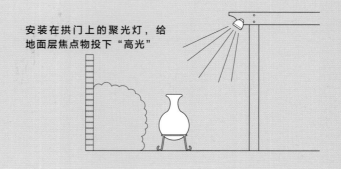

安装在拱门上的聚光灯，给地面层焦点物投下"高光"

射地灯光

将带有遮光罩的灯具用矮杆架起，把灯光投射到小路和台阶上，确保安全的同时营造了温柔的气氛。

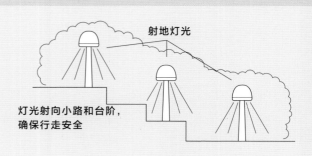

射地灯光

灯光射向小路和台阶，确保行走安全

种植设计

案例中选用的植物

这个花园里种有大量常绿植物，以供全年观赏，且维护量很少。重点强调了叶片和植株形态，包含有若干种尖状叶片和竖直造型的植物。窄窄的竹丛屏障代替了墙和栅栏，用来分隔花园空间。

种植图例

1 欧洲鹅耳枥"尖叶"

2 东北红豆杉"直篱"

3 花叶小蔓长春（红豆杉绿篱下方）

4 金叶鹿角桧"金色海岸"

5 神农箭竹"辛巴"

6 紫叶新西兰麻

7 巨针茅

8 灯芯草"银矛"

9 蓝羊茅"蓝铜"

10 金叶金钱蒲

11 花叶天蓝麦氏草

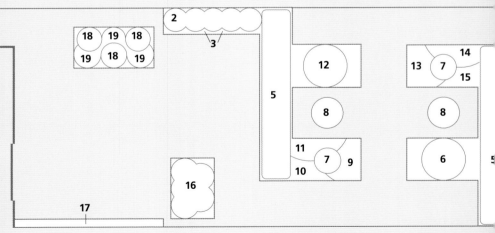

如果你不喜欢修剪整齐的红豆杉绿篱，也不喜欢自由奔放的月季灌篱，那么一些竹子品种可以成为很好的替代者，它们可以用来塑造屏障和围篱。

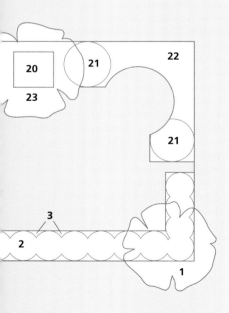

竹丛屏障

有些竹子的适应性极强，从极端向阳到极端荫蔽的环境都能承受。对于大多数竹子来说，一天中仅有部分时间晒到太阳是最好的，但只需保持土壤湿润，它们在全日照下也能良好生长。品种的选择取决于你希望的最终高度——不能像修剪山毛榉、山楂、红豆杉绿篱那样把竹子的顶端剪掉，所以必须选择一个不会长得"过高"的品种。还要谨记，有些竹子的蔓延性很强，种植时必须加以限制，施以"阻根"手段。如果没有阻根条件，最好选择那些扩展性较弱的竹子品种，它们呈丛状生长，从中心点缓慢向外扩张。

适合塑造屏障的竹子品种

- 龙头箭竹（丛生型），能长到 2.4 米以上

- 神农箭竹（丛生型），能长到 3 米以上

- 神农箭竹"辛巴"（丛生型），能长到 1.8 米以上

- 华西箭竹（丛生型），能长到 3 米以上

- 白纹阴阳竹（蔓延型），能长到 2.4 米以上

- 罗汉竹（丛生型），能长到 4 米以上

- 紫竹（丛生型），能长到 3.5 米以上

- 矢竹（蔓延型），能长到 4 米以上

- 业平竹"奇美"（蔓延型），能长到 2.4 米以上

- 玉山竹（丛生型），能长到 4 米以上

寻光花园

尽量让花园的主要休息平台在白天大部分时间都能晒到阳光（多数使用者也希望如此），但很多花园确实难以实现。最困难的情况是：房屋建筑直接挡住正午的光线，使大部分花园空间在全天多数时间里都处于阴影之中。对此有一个简单的解决方法，就是把主要的平台铺装区域安排在阳光可以晒到、光线最充足的位置，即使它离房屋很远。

案例中的设计要点

✓ 休闲平台处在光线最好的位置，白天大部分时间都有阳光照射，宽阔的平台空间足以摆下户外家具，提供休闲娱乐。

✓ 靠近房屋的位置也有一片较小的铺装区，清晨和傍晚的斜阳能够照到这里，炎热的天气中也可用作乘凉的休息区。

✓ 连接前后两个铺装区域的弧形道路很实用，弧形也能缓解花园过于狭长的透视感。

✓ 种植相对简洁，但塑造了背景和结构感。通过种植引导或阻隔视线，从视觉上将花园分成若干个亚空间。

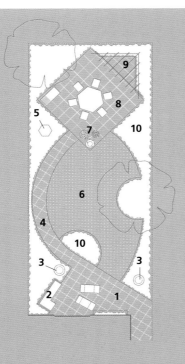

要素图例

1 铺装平台（清晨和傍晚使用）　　6 草坪

2 嵌入式座椅　　　　　　　　　7 盆栽植物

3 巨型瓮罐　　　　　　　　　　8 主休闲平台

4 园路　　　　　　　　　　　　9 边角廊架和攀缘植物

5 方尖碑　　　　　　　　　　　10 种植区域

要素的变化搭配

如果你喜欢这个花园的整体设计，但想看看其中的要素还有哪些不同做法，可参考第250—251页的"要素的变化搭配"。

关键要素

休闲平台

尽量把主要休闲平台和停坐点位安排在阳光充足的位置。若空间充裕，还可以配合简单的遮阳结构，以应对炎热的天气。如果这个"阳光充足的位置"并不与房屋紧密相邻，则要确保两者之间有良好的铺装连接。

观赏草

可以把观赏草与灌木、宿根植物混种在一起，也可以只用观赏草，孤植一丛或同品种成片种植。矮小的观赏草适合作镶边，种植在花坛的前景；高大的品种可以成为焦点，在有限的空间里强调高度感和竖直线条。

方尖碑

方尖碑是实用又美观的花园配件。单独放置时能形成良好的景观，例如孤置于石材铺装或砾石地面上。此外，它们也可以摆放在花境中，产生高度感和形态对比。方尖碑造型还可用作纤巧的支架，让生长缓慢但精致美丽的爬藤植物攀缘其上。

巧用铺装材料制作嵌入式座椅

花园的铺装材料加以巧妙利用，能成为固定的嵌入式座椅，还能呼应主题，形成统一感。座椅的大小取决于铺装石板的尺寸。

木制抬升花坛的边缘，一块精心放置的石板构成简洁的座椅。

所需材料

- 用铺设平台的石板制作椅面；石板宽度不能小于 30 厘米，45 厘米是最理想的尺寸
- 用铺设园路的砖块制作座椅的四脚（或矮墙）
- 沙子和水泥，制作砂浆
- 放在座椅上的坐垫（如有需要）

搭建步骤

休闲平台铺设好之后，可以直接在上面搭建座椅，不需要另做基础。

1 混合砂浆（1 份水泥兑 4 份沙子），砖块叠砌成矮墙或矮墩，顶端安放石板。计算完成面高度时应把石板的厚度也算进去，五层砖的高度（约 37.5 厘米）是差不多的。为了更加稳固，矮墙或矮墩的垂直接头处要交错排砖——为此需要将一些砖块切半，操作时须戴上护目镜和防尘面罩。

2 在矮墙或矮墩的顶部抹一层砂浆，铺设石板于其上，检查水平。

3 座面上摆放坐垫，不坐的时候可以带回室内。

建造这座花园

这座花园的硬质景观建造相对容易，除了弯曲的道路——它是重要的设计要素——铺设时需要格外地细心。凉亭和座椅的搭建需要一些木工技能，但并不难。

- 先铺设远处的主平台，然后向前延伸，铺设弯曲的小路，最后是房屋旁边的铺装区域。这么做能让通道保持干净整洁，并有充裕的可用空间（摆放物料）。
- 搭建角落处的廊架、种植乔木，这两项工作能塑造花园的竖向结构感，然后继续种植大灌木，确立种植体系的基础框架。
- 搭建房屋附近的嵌入式座椅，在花坛里种下小灌木、宿根植物和观赏草，完成花坛种植。
- 铺设草坪——如果你想尽快使用，就铺设现成的草皮，如果想要更经济、更长期的解决方案，可以播撒草籽。

维护这座花园

这座花园选择的建材和植物，维护起来简单易行、要求不高。

- 木料应每隔三到四年重新刷一次漆，但如果用的是户外木料，可省去这项工作。
- 春天时用专用清洁剂清理铺装地面。
- 于冬末修剪常绿灌木，必要时在仲夏再次修剪。
- 春季开花的灌木在开花后修剪，夏季开花的灌木在冬末或早春修剪。
- 在秋季初次霜冻后清理枯萎的宿根植物和观赏草，或者留到来年早春清理。

种植设计

案例中选用的植物

本方案中许多植物都适合在阳光充足的条件下生长——特别是位于花园远端的植物。还有些耐阴植物是为较凉爽阴暗的墙脚处选择的。所有这些植物都很容易打理，无特殊需求。方案中通过植物品种的合理搭配，提供了长时间的观赏期，并利用高大植物形成视觉遮挡，掩盖花园的狭长形状。

种植图例

1 马蹄莲 "克罗伯勒"

2 屋久杜鹃

3 金边聚合草

4 花叶旋果蚊子草

5 东北红豆杉 "直篱"

6 银边玉簪 "银杏克雷格"

7 黄排草

8 分药花 "菲力格兰"

9 蝴蝶荚蒾 "玛丽斯"

10 大花红旗花

11 南非避日花 "黄色小号"

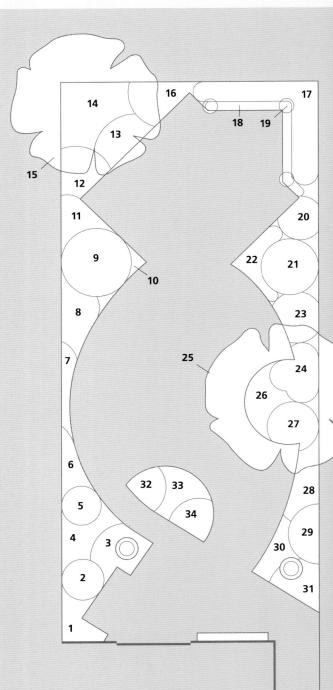

观赏草

观赏草的体量差异很大，小到不超过 15 厘米，大到 3—4 米甚至更高，特别是竹子（它在植物学上也是一种 "草"）。独特的叶形和姿态使观赏草非常适合与灌木和宿根植物混合种植，提供对比和衬托。当它们单独成片种植时，效果同样引人注目，尤其当每棵植株都有充裕的生长空间时，它们能伸展至最大的高度和冠幅。

岛状花境

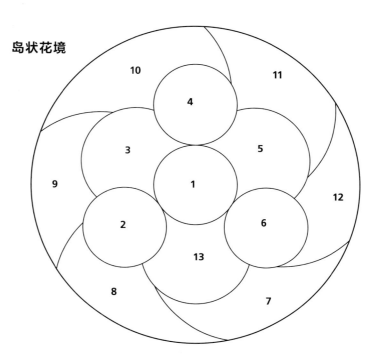

单侧花境

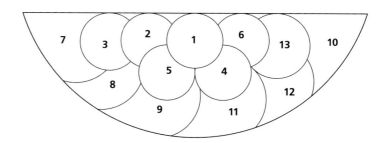

1 矢羽芒
2 巨针茅
3 褐红苔草 "磨砂卷发"
4 卡尔福拂子茅
5 针茅

6 红叶柳枝稷
7 花叶天蓝麦氏草
8 蓝羊茅 "埃丽"
9 金叶箱根草
10 金叶地杨梅

11 红钩灯心草
12 银边芒髯苔草
13 棕红苔草

流水花园

在大多数花园里，水景只是次要元素。但在本方案中，所有设计都围绕着池塘和溪流展开，这些水景也是花园的焦点景物。溪流的蛇形走向与缓坡小路交相呼应，而一系列平坦空间——拼石平台、木平台和砖铺闲坐区——承载了休闲放松的功能，也提供了几个观察花园的有利视角。

案例中的设计要点

✓ 在设计之初，水景就是组成花园布局的重要元素，而不是最后才加入的附属装饰。

✓ 植物种植与硬质景观（人工构筑的池塘、道路等）相协调。

✓ 几处停坐区域提供了观察花园的不同视角。

✓ 虽然设计很复杂，但维护工作并不繁重。

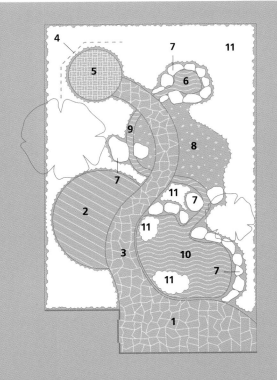

要素图例

1 拼石平台	**5** 砖铺闲坐区
2 向阳木平台	**6** 源头水池
3 拼石园路	**7** 岩石
4 芦苇秆屏风	**8** 砾石滩

要素的变化搭配

如果你喜欢这个花园的整体设计，但想看看其中的要素还有哪些不同做法，可参考第250—251页的"要素的变化搭配"。

关键要素

芦苇秆屏风

由天然材料编织成的面板（如芦苇秆、柳枝、榛树枝等）可以做成屏风用在许多花园里，它们简单易得又充满感性。芦苇秆屏风可以用作吸引眼球的焦点，也可以充当种植的背景。将它安置在空间开阔、阳光充足的位置能得到更好的风化质感，还能延长其使用寿命（最好安装在木质框架上）。

向阳木平台

木平台最好安排在白天大部分时间能晒到阳光的位置，在温带地区更是如此。为了让外观不显呆板，可将木平台的边缘切成曲线，或者，在正方形或长方形的木平台上以 45 度角斜铺木板，形成有趣的人字形纹理。确保木板架设在高离地面的位置，使空气能在下方流通，避免受潮腐烂。

溪流水景

不需要太大的地势落差也可以创造溪流水景。几厘米的高度变化足以让水顺着地势向下流动。在小花园里，让溪流从一端蜿蜒至另一端，能形成富有层次的水景。尝试引入轻缓的跌水瀑布，增加声音和运动感，如果可以的话，将它暴露在阳光下，让淙淙流水泛起粼粼波光。

设计细节

跌水瀑布

水流经过跌水瀑布从高处落向低处。其基本原理是用两块较大的岩石"夹住"水流，迫使水漫过一块平坦岩石的边缘，继而跌向下方的水池或溪流。实际操作中导致失败的原因往往是那块"平坦岩石"选择不

只需要一个小小的高差，就可以在花园里创造跌水瀑布。

佳，水流没能"飞出"沿口，而是变成一连串水滴顺着岩石下沿滚落。问题很可能出在：

- 水泵的功率不够，导致水流动量不足
- 沿口边缘太厚或太圆润

理想的沿口，其外形像一个凿子（用一台小研磨机就能轻松实现）。或者可以用一块薄石板充当沿口，这样就不需要打磨了。无论哪种方式，确保沿口至少探出 2.5—3.5 厘米。

如果跌水瀑布是现代风格或规则几何式的，沿口可以用锌或铝薄板制作，两侧边缘稍向内弯折，把水流引至出水口。

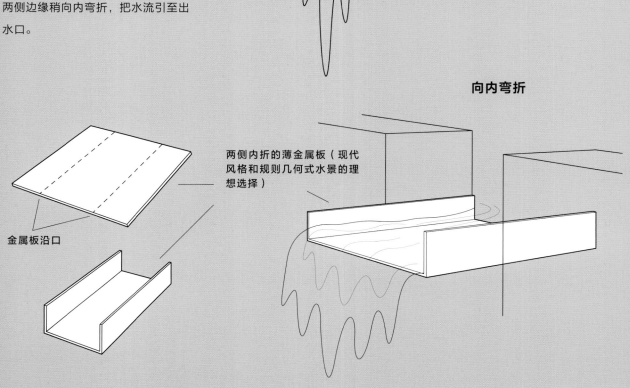

打磨沿口

厚重石块，沿口打磨成锐利边缘

至少探出
2.5厘米

自然沿口

薄石板（例如屋瓦）

向内弯折

金属板沿口

两侧内折的薄金属板（现代风格和规则几何式水景的理想选择）

种植设计

15

17

21

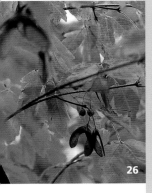

26

案例中选用的植物

种植设计采用轻松自由的风格,以互补岩石的坚硬崎岖,并呼应构筑物的曲线轮廓。没有选择鲜艳的花朵,是为了让花园的主景——溪流的焦点作用不被分散干扰。尽管如此,植物组合仍是精心设计的,为了配合并加强"流水"的主题。

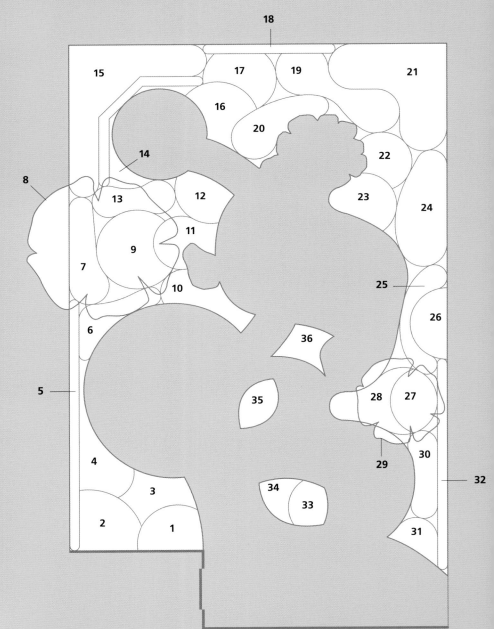

水生种植区

有两种类型的水生植物可用于观赏：近水植物和浮水植物。大多数近水植物（生长在池塘边缘的水陆交接地带）只需要 15—20 厘米的水深。而浮水植物需要更深的水域：一些微型睡莲可以在 45—60 厘米深的水中生长，这个深度对小池塘来说是理想的，但如果是较大的池塘，75—90 厘米的水深更为合适，这个深度能允许你种植更广泛的水生植物。如果想养鱼，还需要更深一些。

大池塘种植范例

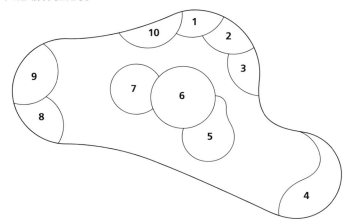

1 灯芯草"灰色卡门"	6 睡莲"玛利西亚"
2 花叶水甜茅	7 水金杖
3 梭鱼草	8 六倍利"维多利亚女王"
4 花叶黄菖蒲	9 重瓣驴蹄草
5 二穗水蕹	10 欧洲慈姑

小池塘种植范例

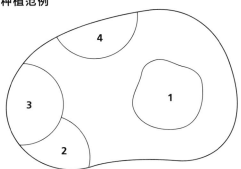

1 睡莲

2 卷须灯芯草

3 玉蝉花

4 金钱蒲

浪漫怀旧风格花园

加入了月季、花灌木和经典攀缘植物的草本植物花境令人联想起传统的乡村别墅花园。当它们与风化砖、天然石铺装及其他具有岁月感的物件相结合时，花园将充满浓浓的怀旧浪漫情调。精致的色彩和迷人的香气令这份浪漫感觉更加突出，营造出一片宁静和谐的天地。

案例中的设计要点

✓ 转折蜿蜒、形状不规则的石板铺装平台，呼应着房屋的肌理和岁月感。

✓ 传统的草本植物花境与大型花灌木相结合，形成稳定的种植结构，花境中还选用了经典的月季品种。

✓ 具有年代感的传统物件——拱门、方尖碑、哥特式凉亭、旧石雕、日晷、维多利亚时代的长椅（被黄杨绿篱包围）。

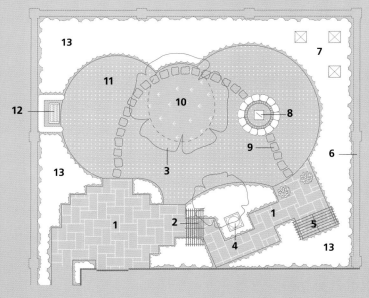

要素图例

1 石板铺装平台	**5** 哥特式凉亭
2 哥特式月季拱门	**6** 砖砌（或垒石）围墙
3 老果树	**7** 哥特式方尖碑支架
4 雕塑／雕像	**8** 日晷及其圆形基座

要素的变化搭配

如果你喜欢这个花园的整体设计，但想看看其中的要素还有哪些不同做法，可参考第250—251页的"要素的变化搭配"。

方尖碑支架

方尖碑支架有很多不同的尺寸、样式和材质，总能找到适合你花园的一款。可以单独放置或几个聚成一组，充当花园的焦点；也可以与攀缘植物结合，作其支撑——或许是藤本月季和大花铁线莲等结构植物，或许是香豌豆等一年生植物，方尖碑支架能增加它们的香气效果。

老果树

重新设计一座花园时，不要冲动地砍掉场地中已有的乔灌木。看看有哪些树木可以纳入新的设计——老苹果树和老梨树在开花时非常壮观，可以在它们下方种植春季球根花卉，上下一齐盛放的效果极富自然美感，还可以在里面混种一些经典喜阴宿根植物，例如落新妇和欧报春。

石板铺装

当花园容纳了许多吸引人的焦点，整体看来就会显得纷乱嘈杂，宜用统一的铺装材料将它们连接起来，例如自然石板或旧砖——这种铺装能与花园里的其他材料协调融合。

圆形基座的瓦片镶边

"瓦片镶边"可以用在园路和其他铺装区域，成为一个富有吸引力的细节。铺设瓦片镶边需要一定的精力和耐心，但如果准备好了地面基础，就不会太困难。

为了节省用量，我们也可以用破损的瓦片——只要它们有一个边是完整的，将完整边朝上、破损边朝下立铺。破损的边缘可能不平整，铺设时在下面用砂浆找平。

瓦片立铺而不是平铺，能创造完全不同的铺装效果。

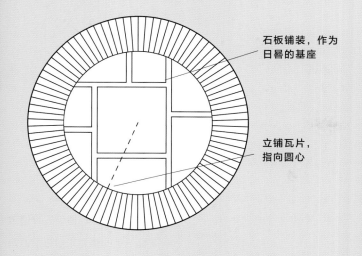

石板铺装，作为
日晷的基座

立铺瓦片，
指向圆心

所需材料

- 陶瓦（或其他材质瓦片）；确保它们不
  会冻裂，瓦片的边缘尽量完整——这些边
  缘将塑造最后的完成面，形成我们想要的
  效果
- 硬质基础（碎砖、混凝土块或石块）
- 制作砂浆用的沙子和水泥
- 一根长直木板，长度不小于圆形基座的半径
- 木楔、钉子和线绳

搭建步骤

1 将木楔敲入地面，露出地面的高度即平台
完成面的高度。钉子钉在木楔的顶部，约
1.5 厘米高。在木楔的钉子上系线绳，线绳
长度为圆形平台的半径再加 5 厘米，在端
头做标记或打结。

2 拉紧线绳，以标记或绳结的长度在地面上
画一个圆圈。沿着这个圆圈挖一条环沟，沟
的宽度即瓦片立铺的宽度，沟的深度为瓦片
立铺的高度加上 2.5—5 厘米的砂浆和 8—
10 厘米的硬质基础。

3 在沟中填入硬质基础并彻底压实。用沙子
盖在其表面，填充孔洞和裂缝。

4 在硬质基础上抹 2.5—5 厘米厚的砂浆，然
后朝着圆心方向立铺瓦片。每片瓦都需水平，
相邻瓦片之间的锥形缝隙最宽处不超过瓦片
本身的厚度。为了确保完成面的平整，以及
每片瓦与圆心的距离相等，可借助绑有水平
仪的木板，把木板一端松松地钉在中心木楔
上，转动另一端检查每个瓦片的高度和位置
是否合适。

5 1 份水泥兑 3 份沙子混合成干燥粉末，用
刷子将其扫进瓦片之间的缝隙，再用小铲的
边缘将其压紧，继续填入粉末直至缝隙被完
全填满。最后，浇水壶装上细孔莲蓬头，轻
柔地浇湿混合粉末。

2

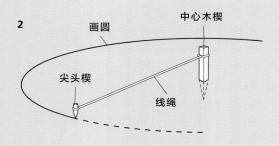

画圆

中心木楔

尖头楔

线绳

4

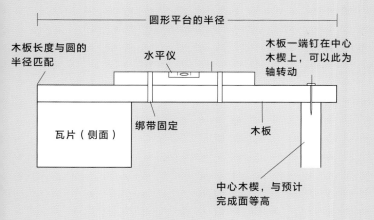

圆形平台的半径

木板长度与圆的
半径匹配

水平仪

木板一端钉在中心
木楔上，可以此为
轴转动

瓦片（侧面）

绑带固定

木板

中心木楔，与预计
完成面等高

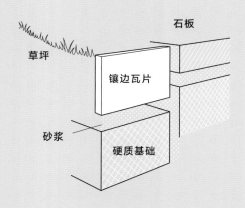

石板

草坪

镶边瓦片

砂浆

硬质基础

种植设计

案例中选用的植物

本案的种植设计建立在传统草本花境的基础上，中间加入了经典的花灌木和传统月季品种。为了增强浪漫的氛围，花朵的颜色特意限定在黄色、白色、蓝色和粉色之间，避免强烈的红色和橙色夺人眼球。其中许多植物都是古老栽培品种的现代改良版。

种植图例

1 月季"约瑟芬皇后"

2 萱草"奶油滴"

3 大花飞燕草"蓝鸟"

4 绣球"完美玛丽斯"

5 草甸老鹳草"肯德尔·克拉克夫人"

6 毛地黄

7 耧斗菜"白星"

8 金露梅"阿伯茨伍德"

9 大花飞燕草"粉装骑士"

10 羽衣草

11 大星芹

12 紫花醉鱼草"洛钦奇"

13 珊蒂亚矾根

14 毛地黄

15 月季"波旁皇后"

16 桃叶风铃草

17 叶苞紫菀"辉煌"

18 金露梅"樱草色美人"

19 黄杨绿篱

20 大花飞燕草"黑衣骑士"

21 杂交老鹳草"克拉里奇·德鲁斯"

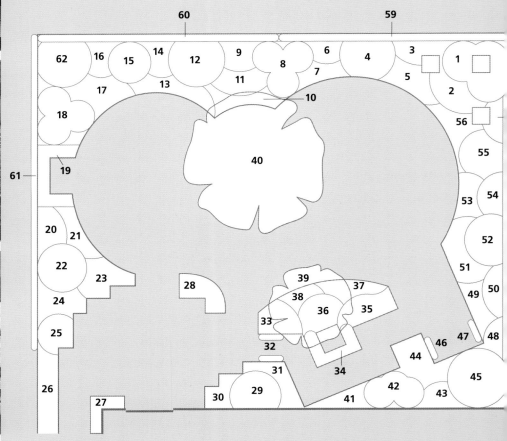

浪漫风格岛状花境

在大花园里，我们可以布置岛状花境打破连贯的远景视野，也可以利用岛状花境创造隐蔽的私密区域。下面这个例子，便是用 "浪漫风格植物" 创作的岛状花境，植物的点位安排充分考虑了阳光和阴影的分布。

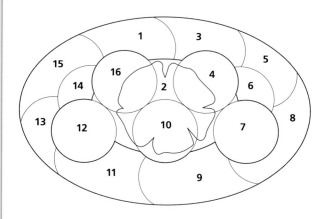

1 落新妇 "维纳斯"

2 紫海棠 "雷蒙"

3 玉簪 "皇家标准"

4 花叶欧洲山茱萸

5 火星花 "艾米莉·麦肯锡"

6 分药花

7 月季 "泡芙美人"

8 克拉克老鹳草 "白色克什米尔"

9 高加索蓝盆花 "克利夫·格里夫斯"

10 绣线菊 "阿格塔"

11 萱草 "金色风铃"

12 紫叶蔷薇

13 有髯鸢尾 "拉贾"

14 桃叶风铃草 "泰勒姆美人"

15 暗色老鹳草

16 粗齿绣球 "蓝鸟"

避风花园

多风地带的花园如果没有遮蔽，强风会让植物倍受摧残，一些乔灌木若长期暴露在猛烈的盛行风下可能会残破变形。在大花园中，我们可以用乔木和大灌木组成有效的植物挡风带，遮蔽整座花园。而对于小花园来说，更容易实现的方法是：在某些特定区域周围用小群组种植创造遮风的小环境。

案例中的设计要点

✓ 在花园的边界处种植一些乔木和大灌木，有助于打散强风和偏转风向。

✓ 格栅屏风和夏屋凉亭，这些简单的构筑物提供了更直接的避风保护，也延长了花园的使用时间。

✓ 大型植物选择强健的品种，在盛行风下仍可以茁壮生长。

✓ 大型植物创造的局部避风环境能帮助小型植物良好地生长，否则后者不会有很好的表现。

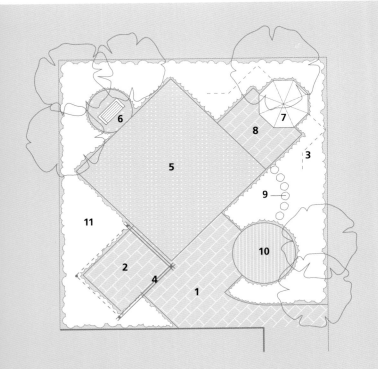

要素图例

1 主要休闲平台（无风日子使用）

2 挡风遮蔽的平台

3 格栅屏风

4 挂有风铃的横梁（亦爬藤植物附着）

5 草坪

6 灌木丛中的座椅（头

树枝上挂有风铃）

7 夏屋凉亭

8 夏屋凉亭前的平台

9 汀步石小径

10 向阳抬升木平台

11 种植区域

要素的变化搭配

如果你喜欢这个花园的整体设计，但想看看其中的要素还有哪些不同做法，可参考第250—251页的"要素的变化搭配"。

夏屋凉亭

夏屋凉亭本身就是一个非常吸引人的视觉焦点，还可以在它前面铺设一个小平台，成为灵活的休憩区，巧妙安排它们在花园里的位置，"捕捉"傍晚的夕阳。仔细地选择夏屋凉亭的风格和搭建材料，使其与花园其他部分相协调。规划时在夏屋凉亭处预留电口，提供电力照明，这样你在夜间也可以使用它。

向阳抬升木平台

木平台与石板铺装形成鲜明对比，将其抬高约 15 厘米，制造有趣的高差变化。木平台宜安排在阳光最充足的位置，这样木板表面不易滋生难看的苔藓和藻类。参考其他木制设施（廊架、格栅架、拱门等）的颜色，将木平台刷成相近或互补的色彩。

挡风种植

高大、耐寒的乔灌木可以阻挡强风，庇护你的花园。确定花园里哪些区域需要避风保护，在那里布置种植坛。把较高大的植物种在后排遮风，中小型植物种在更避风的前排。尽可能加入一些大型常绿植物，可以全年庇护花园。

夏屋凉亭的选择

有许多不同的夏屋凉亭可供选择——从一个下午就能搭建完毕的小型简易版，到几乎可以住人的大型多室结构——太多选择反而让人困惑。根据下列指导，缩小你的选择范围。

在植物的掩映下，刷成深色的夏屋凉亭更显低调（相比色彩明亮且单独呈现的情况）。

风格样式

夏屋凉亭要与花园的风格和主题相匹配。乡村风格样式更适合乡野别墅花园，用现代材料建造的现代风格样式与城市花园更搭。

颜色

以花园的整体设计为配色指导。但要注意，相比白色和鲜艳色彩，刷成深色的夏屋凉亭更显低调，不碍眼。

形状和尺寸

如果你的夏屋凉亭主要用作吸引视线，内部空间只是偶尔使用，那么选择一个与花园整体设计相协调的形状即可。但如果你打算经常坐在里面休息，请确保你选的夏屋凉亭足够大，能舒适地摆放花园家具。相同直径下，正方形比正八边形和正六边形创造的地面空间更大。

坐落位置

仔细考虑，是让夏屋凉亭成为突出醒目的焦点——独立放置以吸引目光，还是希望它更低调地呈现——微微隐藏在灌木后方或融入花境。

连接路径

大部分情况下，都需要有一条坚实好走的小路通往夏屋凉亭。花园若非采用整齐的规则式布局，最好不要让这条园路直直地对着房屋，相反，路线微微曲折会更好，还可以连接路径上的其他景物。

巧借风力让花园更有趣

- 风铃——不要太多，一两个足矣，要为邻居着想。
- 闪亮塑料、玻璃和抛光金属制成的吊饰，随风飘动中反射阳光。但要确保它们适合户外使用，且连接牢固。
- 单独悬挂的装饰品，如玻璃球、镀铬星星月亮——它们能为阴暗的角落注入生气。
- 竹子和高大的观赏草会在风中摇曳，发出轻柔的沙沙声。
- 叶片正反面颜色反差大的灌木，例如胡颓子，叶片在强风中来回翻转的景象很好看。

在花园中挂一串风铃，是将微风物尽其用的一种简单方式。

种植设计

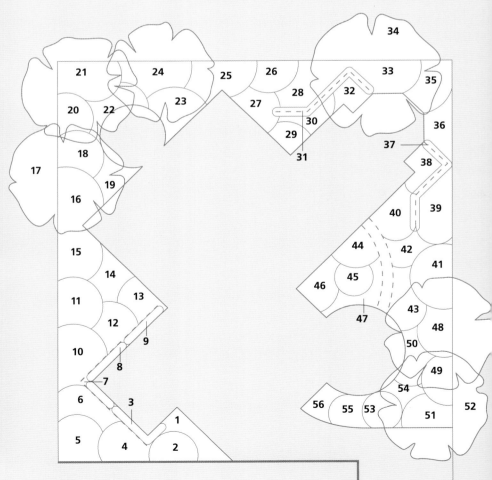

案例中选用的植物

塑造种植主体框架的乔木和灌木，由那些迎着强风仍能茁壮生长的植物组成。在这第一道防线的保护下，于其前方种植较小的灌木和宿根植物，构成第二道防线，从而创造出小块避风环境，在此种植不耐风的娇弱植物。

种植图例

1 西伯利亚鸢尾"佩利蓝"
2 杂交花葵"巴恩斯利"
3 麦肯纳耧斗菜
4 喷雪花
5 豪猪刺
6 异花木蓝
7 东方铁线莲（格栅屏风／头顶横梁）
8 矾根"波斯地毯"
9 杂交老鹳草"碧奥科沃"
10 欧丁香"查尔斯·卓利"
11 西藏悬钩子

12 杂交金丝桃"埃斯泰德"
13 矮生染料木
14 宿根福禄考"富士山"
15 金叶接骨木
16 大叶女贞
17 稠李
18 管花木樨
19 紫花野芝麻"玫红"
20 金边欧洲冬青
21 拉马克唐棣
22 慕尼黑老鹳草
23 毛地黄
24 天目琼花"欧农达伽"

挡风种植带

了解植物如何打散气流、创造平静的庇护区，有助于你确定乔木和灌木的位置，实现最大的避风效果。挡风带越宽越高，其身后保护的区域就越大；距离挡风带越远，得到的保护就越少。

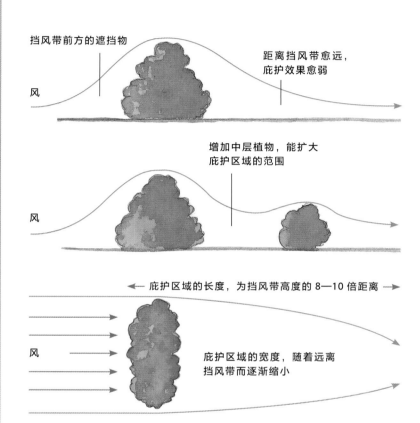

挡风带乔木选例

许多乔灌木都能 "生存" 在暴露多风的位置，但未必能 "茁壮成长"。挡风带里使用的乔木，必须生长旺盛，密实多枝，才能为身后较小的植物创造庇护环境。

- 栓皮槭
- 桦树
- 单子山楂
- 欧洲白蜡
- 欧洲落叶松
- 欧洲黑松、欧洲赤松
- 英国栎
- 白柳
- 花楸、瑞典花楸、欧亚花楸
- 欧洲小叶椴

荫蔽花园

大多数城市小型花园只有一小块区域能晒到太阳，其余部分要么完全荫蔽，要么只在夏天的清晨和傍晚才能获得少量阳光。若要充分利用空间，休闲平台等铺装区域必须占据阳光最充足的位置，但这也意味着，花园其他部分可能处于不同程度的阴影之中。

案例中的设计要点

✓ 休闲平台安排在阳光最充足的位置。

✓ 简洁大气的空间布局为种植提供了明晰的框架。

✓ 镜面反射光线，使花园明亮起来。

✓ 硬质景观材料选用温暖、浅淡的色调。

✓ 简洁的水池与镜面相配合，倒映出明亮的天空以及周围的植物。

✓ 所选用的植物，不仅能在荫蔽环境中良好生长，还拥有许多观赏特征，能让花境更显明亮。

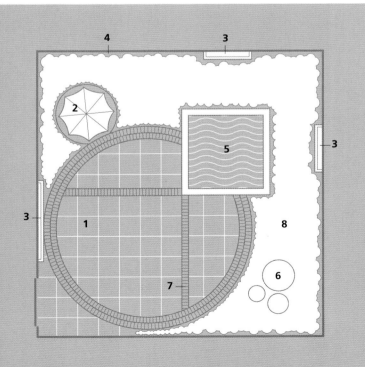

要素图例

1 休闲平台（铺装材料为水磨石板）

2 白漆铁艺凉亭

3 壁挂镜面

4 白色粉刷墙面

5 镜面水池

要素的变化搭配

如果你喜欢这个花园的整体设计，但想看看其中的要素还有哪些不同做法，可参考第250—251页的"要素的变化搭配"。

6 大号陶罐

7 暖橘色砖块镶边

8 种植区域

壁挂镜面

在小花园里运用镜面，可以引入更多光线并增加空间感。把镜子牢牢地固定在墙壁或框架上，使它们不会因皮球或自行车的磕碰而掉落。你需要定期清洁镜面，有助其发挥最大的作用。

耐阴植物

在不同程度的荫蔽环境中，都有许多漂亮的植物能茁壮成长。其中能忍受浓阴者可以种植在花园的阴暗角落，而那些需要少量阳光的植物宜种植在更为开阔的位置，例如平台和园路的边缘。

镜面水池

盛满水的浅水池可以成为一面水平的"镜子"，倒映天空和水池后方的动人景物。它在晚上也可以发挥作用——用灯点亮树木或其他装饰品，使其光亮映在水面上，或更直接些，在池底安置水下灯光。无论水池的大小如何，为了实现最佳反射效果，宜让水面尽可能接近地面。

建造镜面水池

如名所述，镜面水池既能反射光线，又能倒映花园里的景观和植物，从而令观赏效果加倍。由于是充当镜面使用，水池的深度相对不那么重要，这使得它更容易建造。

水池可以成为一面引人注目又安全的"镜子"。

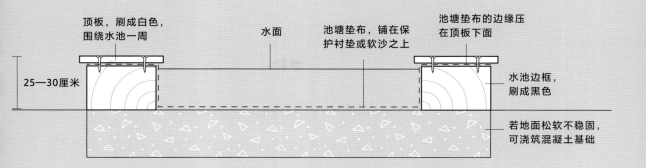

顶板，刷成白色，围绕水池一周

水面

池塘垫布，铺在保护衬垫或软沙之上

池塘垫布的边缘压在顶板下面

25—30厘米

水池边框，刷成黑色

若地面松软不稳固，可浇筑混凝土基础

所需材料

- 沙子、水泥和碎石，用来制作简单的混凝土基础（若水池下面的基础已足够坚硬，可省去此项）。

- 硬木木方，用来制作水池的边框，木方的截面约 20 厘米 × 30 厘米，根据水池边长截取适宜长度。或用混凝土块代替。

- 软木木板，1.5—2 厘米厚，用来制作边框的顶板，木板的宽度与边框相匹配，前后再各探出 2.5 厘米。

- 柔性池塘垫布，和保护衬垫（或软沙）。

- 白色漆和黑色漆。

- 螺钉，在边框上固定木板用。

搭建步骤

1 平整水池下方的地面。如果地面松软不稳定，下挖 7.5—10 厘米，浇筑混凝土形成坚实的地面基础。

2 搭建边框。用硬木木方沿底座边缘排成正方形或长方形，确保其水平，如有必要可用砂浆找平。若没有木方，也可用混凝土块制作边框，也须确保水平。

3 边框完成后，在底部铺保护衬垫，或铺设一层 2.5 厘米厚的软沙。

4 放入池塘垫布。若余出来的部分较多，可以剪掉，但要确保至少有 25 厘米的余量，以便压在顶板下面——这能让操作更简单，也更合衬。

5 将池塘垫布铺平，整齐地塞进每个角，在内角处打三角形褶，用双面胶带临时固定，直到水池注水。

6 注入一些水，使垫布紧贴底角。

7 将软木顶板钉在边框的顶部，在钉的过程中把池塘垫布的边缘压在下面。需要在垫布的每个角上剪开一段至边框顶部，就像纸箱向外翻的挡板，这样压在顶板下会更平整。

8 将边框刷成黑色，将顶板刷成白色。给水池注满水。

5

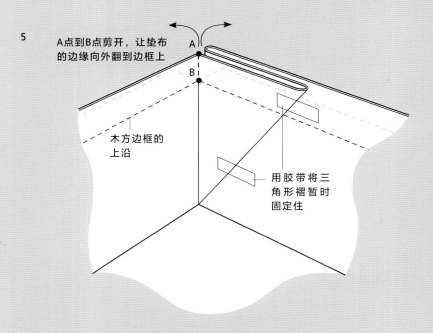

A点到B点剪开，让垫布的边缘向外翻到边框上

木方边框的上沿

用胶带将三角形褶暂时固定住

种植设计

案例中选用的植物

这里选择的植物或具有明亮鲜艳的叶片花朵，或具有独特的形状形态，很适合在浅色的铺装和背景前欣赏。黄色、白色和紫色是主导色彩，当宿根植物进入休眠期后，常绿植物依然维持着花园的结构。仔细安排每种植物的点位，将最耐阴者布置在完全没有阳光的全阴角落，而那些能在少量日照中受益的植物，则安排在偶有阳光的位置。

种植图例

1 金叶地杨梅

2 矾根"瑞秋"

3 花叶玄参

4 绯红茶藨子"布罗克尔班克"

5 花叶欧洲冬青"银皇后"

6 金叶欧洲红豆杉"森佩劳瑞"

7 欧报春（洋红色／紫红色）

8 大花毛地黄

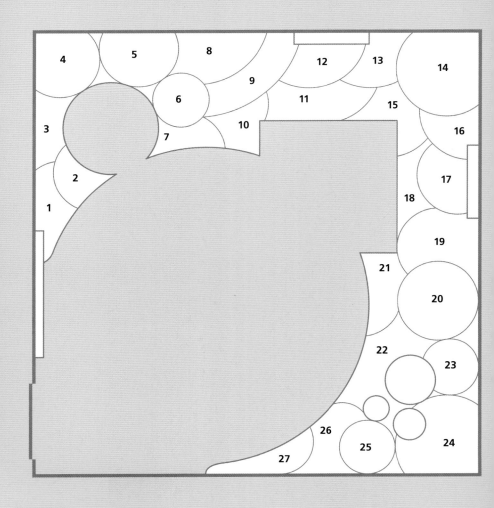

许多地被植物可以在荫蔽环境中良好生长，例如图中的花叶野芝麻。

花园的色彩主题

由一组常绿植物构成的种植组合，一旦成形便能长久保持良好的状态，可谓"低维护"至极。它们能覆盖住地面，从而抑制杂草的生长。以下这些常绿植物均能适应荫蔽环境，并在此茁壮生长。

适合荫蔽花园的常绿植物选例

- 淫羊藿
- 小蔓长春
- 茵芋
- 棕鳞耳蕨
- 川西荚蒾
- 桂樱"奥托·吕肯"
- 红籽鸢尾
- 冬青叶十大功劳"阿波罗"
- 扶芳藤
- 齿叶铁筷子

现代乡舍花园

传统乡舍花园的魅力，部分源自野趣十足的园路、拱门等构筑物所呈现的粗犷质朴气质，但因其易朽坏，很难满足现代生活的需要。现代乡舍花园尽管在外观上仍是乡舍风格，但必须经久耐用。

案例中的设计要点

✓ 空间宽裕，功能丰富，可满足家庭花园的诸多需求，比传统乡舍花园更加实用。

✓ 休闲平台、拱门、围栏等构筑物的材料，兼具耐久性和质朴的外观。

✓ 用稳定可靠的植物重塑传统乡舍花园的气质。

✓ 蔬果种植区封闭围合，用围栏板遮挡视线。

✓ 低维护的设计适合忙碌的现代生活。

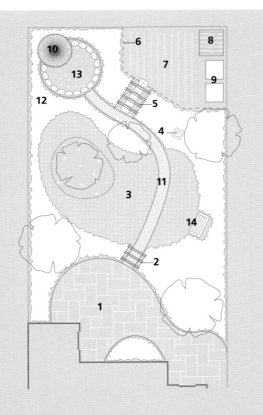

要素图例

1 休闲平台	5 廊架
2 拱门	6 柳编围栏板
3 草坪	7 蔬果种植区
4 鸟浴盆	8 储物间

要素的变化搭配

如果你喜欢这个花园的整体设计，但想看看其中的要素还有哪些不同做法，可参考第250—251页的"要素的变化搭配"。

关键要素

鸟浴盆

可以用方尖碑、雕像和鸟浴盆等个性化饰品装点你的花园。但不要随意摆放这些饰品，需经过深思熟虑，使我们能在不同的角度欣赏到它们。鸟浴盆对鸟类的生存很有帮助，即使在深冬时节也是如此。

乡舍风格凉亭

凉亭是令人愉悦的构筑物，可以让你坐下来感受花园的氛围。要么把它作为醒目的焦点，从室内就能看到；要么把它藏起来（如用植物遮挡），成为安静私密的区域。根据花园其他构筑物的外观，选择凉亭的风格和材料。还可以在凉亭前方设置一片小平台，摆放桌椅。

蜿蜒的砖路

砖是一种很好的铺路材料，由于单块体积较小，所以比石板更适合塑造不规则的形状和曲线。须向供应商确认砖块是防冻的。若想要规则整齐的外观，宜使用坚硬的工程砖，砖与砖之间的接缝处涂抹水泥砂浆。若更爱柔和随性的外观，可选择粗砖，用人字形铺法，在接缝处刷入水泥砂浆即可。

动手搭建

柳编围栏板

用柳枝、芦苇或竹子制作的围栏板很适合乡舍风格花园的设计和植物表现。但如果构筑不当，它们会很难看，也不耐用。用合适的柱子和栏杆作框架，将围栏板固定在上面，这样可以使用很多年，且一直维持良好的外观。

柳编围栏板为传统乡舍花园塑造了自然质朴、富有感性的边界。

所需材料

- 柳编围栏板（或类似围板）
- 户外软木木方，作立柱用，截面为 10 厘米 × 10 厘米（圆柱亦可），长度为围栏的总高度再加 45 厘米
- 户外软木横杆，截面为 3.8 厘米 × 7.5 厘米
- 镀锌钉子
- 镀锌铁丝
- 油漆（可选）
- 沙子、水泥和碎石（制作砂浆用，可选）

搭建步骤

1 在地面上挖掘坑洞，大小为 25 厘米 × 25 厘米、深度为 45 厘米，插入立柱木方，浇灌混凝土。若地面足够坚实，可将木方削尖，用打桩机钉入地面即可。

2 把横杆沿水平方向钉在立柱上，上下各一条，调节其高度，使围栏板扣上后顶部和底部均有 5 厘米探出。若围栏板较高（超过 1.8 米），须在中间再加一条横杆。

3 如有需要，给立柱和横杆刷上油漆。

4 把柳编围栏板钉在横杆上。方法是在围栏板较粗的竖杆上凿钉（可预先钻孔，避免劈裂），再用镀锌铁丝绑紧柳编围栏板较细的横条。

乡舍风格的拱门和廊架

传统乡舍花园在搭建构筑物时，可以采用任何能找到的平直木料，经常使用的是林地采集的针叶树小枝，但这些枝条很快就会腐朽，导致结构不牢，上面的树皮还会滋生各种害虫和病菌。

现代的技术和材料克服了以上缺点，使乡舍风格构筑物的建造容易了许多。

未经处理的木料在户外难以长久维持，所以要用经过处理的木材建造花园构筑物。

种植设计

25

44

58

68

案例中选用的植物

混合使用乔木、灌木、宿根植物和攀缘植物，重塑传统花境的种植效果。为了达到最少的维护量，植物的选择应侧重其稳定可靠性和良好的健康状况。除了确保土壤排水良好之外，不需要特殊的生长条件。定期补充覆根物会让所有植物都受益。

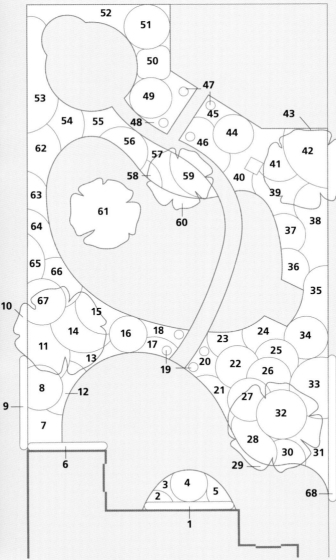

种植图例

1 藤本月季"德拉·巴尔福（墙面）

2 纳丽石蒜"粉色凯旋"

3 宽萼苏"万圣节绿"

4 薰衣草"海姆斯戴"

5 香石竹"德文鸽"

6 大花素馨

7 大花老鹳草"格拉芙泰"

8 月季"粉格罗"

9 单叶铁线莲

10 大山樱

11 桃叶风铃草"本内特蓝"

12 高山羽衣草

13 大滨菊"雪顶"

14 宿根福禄考"橙色王子"

15 荷兰菊"蓝衣女士"

16 月季"天竺葵"

17 异叶刺芹

18 蓍草"安西娅"

19 紫藤"卡罗琳"

20 耧斗菜"红星"

21 银叶蒿"鲍维斯城堡"

22 月季"泡芙美人"

23 荷包牡丹"阿德里安·鲁姆"

24 鼠尾草"蓝山"

25 火星花"路西法"

26 乌头"布雷辛汉尖顶"

27 宿根福禄考"伊娃·卡勒姆

28 紫叶里文堇菜

29 钝裂叶山楂 "红保罗"

30 紫露草 "紫色穹顶"

31 林地老鹳草

32 杂交银莲花 "旋风"

33 红花蚊子草 "维纳斯塔"

34 绣球 "完美玛丽斯"

35 西伯利亚鸢尾 "梦境黄"

36 落新妇 "伊丽莎白·布
鲁姆"

37 齿叶铁筷子

38 玉簪 "蓝月"

39 亚美尼亚老鹳草 "布雷
辛汉天赋"

40 耧斗菜 "蓝星"

41 阔叶茛力花

42 暗红抱茎蓼

43 青榨槭

44 紫叶蔷薇

45 花叶大星芹 "苏宁代尔"

46 紫萼路边青 "莱纳德"

47 藤本月季 "克拉伦斯宫"
（廊架）

48 匍匐筋骨草 "粉色惊喜"

49 远东锦带

50 杂交银莲花 "理查·阿
伦斯"

51 棣棠花

52 大花飞燕草 "黑衣骑士"

53 矢羽芒

54 金光菊 "金色风暴"

55 叶苞紫菀 "乔治国王"

56 岩白菜 "冬日童话"

57 白花桃叶风铃草

58 长叶肺草

59 多榔菊 "梅森小姐"

60 金链花 "沃斯"

61 苹果 "布兰利"

62 百子莲 "蓝巨人"

63 克拉克老鹳草 "白色
克什米尔"

64 松果菊 "鲁宾斯坦"

65 黄花唐松草

66 萱草 "小酒杯"

67 花叶欧洲山梅花

68 香忍冬 "格拉汉姆·托
马斯" （栅栏）

地被植物 "铺装"

在大面积铺装区域的中间，可以开辟出小块种植区（或利用铺装缝隙）用来种植一些高山地被植物和矮生宿根植物——切记，要为休闲活动和花园家具留出充裕的空间，否则地被植物难免会被踩踏。如果空间确实不够，也可以在主要平台之外为地被植物专门开辟一小块 "铺装区"，仅供观赏用。

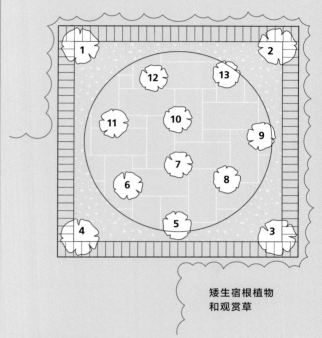

矮生宿根植物
和观赏草

1 常青屈曲花

2 半日花 "萨德伯里宝石"

3 理查德百里香

4 朝雾草 "娜娜"

5 东欧风铃草 "丘顿喜悦"

6 南庭芥 "骡子博士"

7 花叶匍枝南芥

8 芝樱 "泰米斯卡明"

9 平卧婆婆纳

10 白霜景天 "布兰科角"

11 密枝黄亚麻

12 双距花 "红宝石田"

13 印加纳还阳参

几何风格花园

几何风格花园与规则式花园的区别在于形状关系和种植风格：几何风格并不强调对称，相反，其布局是各种形状的抽象组合；或者，不断重复某个单一形状，构成统一的主题。设计中，植物种植的自由感与布局结构的几何感形成强烈的对比，在铺装和墙壁清晰严整的线条衬托下，植物更显柔和随性。

案例中的设计要点

✓ 正方形和圆形的组合塑造了花园的布局。

✓ 几何主题在许多细节中反复出现：砖路的一层层同心圆纹理，砖铺平台上的方形图案，以及侧石的矩形轮廓。

✓ 有意识地采用非规则式种植，包含了一系列色彩和肌理，恰到好处的自由随机感，与严整明确的硬质景观形成鲜明的对比。

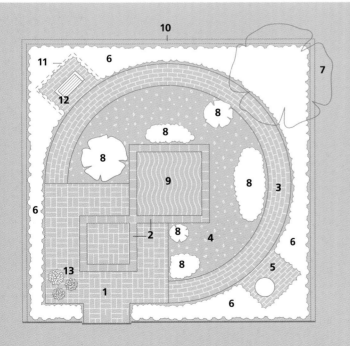

要素图例

1 红砖平台	**5** 烧烤区
2 侧石	**6** 花境种植区
3 砖铺园路	**7** 乔木
4 砾石地面	**8** 砾石地面上的点植种植

要素的变化搭配

如果你喜欢这个花园的整体设计，但想看看其中的要素还有哪些不同做法，可参考第250—251页的"要素的变化搭配"。

关键要素

水池

这是本设计的中心焦点，其他景观都是围绕这个焦点展开的。若想增加动态和声响，可在水池中加上小喷泉，但不要太高，以免水花被强风吹起溅落在水池之外。或者，将水池设计为静止的水体，形成镜面倒映光线和色彩。

点植种植

在中央区域，把植物间隔开来点植呈现，是绝佳的展示方式，便于充分地欣赏每棵植物的形状、色彩和花朵。为了更好的观赏效果，乔木和灌木宜单棵种植，宿根植物（尤其是体量较小的品种）以 3 株、5 株甚至 7 株为一组。裸露的地面用粗粝树皮或碎石覆盖，以抑制杂草生长。

烧烤区

在空间充裕的大花园里，可以整体砌筑烧烤台，使之成为硬质景观的一部分。而在这里，针对小花园空间，我们选择了可移动式烧烤架，并为它铺设一块专用的烧烤区，这样操作者就可以灵活站位躲开烟熏。烧烤区须远离主要休息空间，但也要容易抵达停坐区（便于送菜）和厨房（取厨具餐具）。

设计细节

方形水池

从许多方面来讲，建造边角垂直的方形水池，比建造边缘缓缓弯曲、岸线慢慢下沉、有柔性池塘垫布的不规则水池要"困难"得多。实际上你建造的是一个"地下方盒"，"盒壁"的强度须足以承受池水向外的推力和外部土壤向内的压力。"盒底"也必须足够结实，足以承受水的重量，不偏移沉

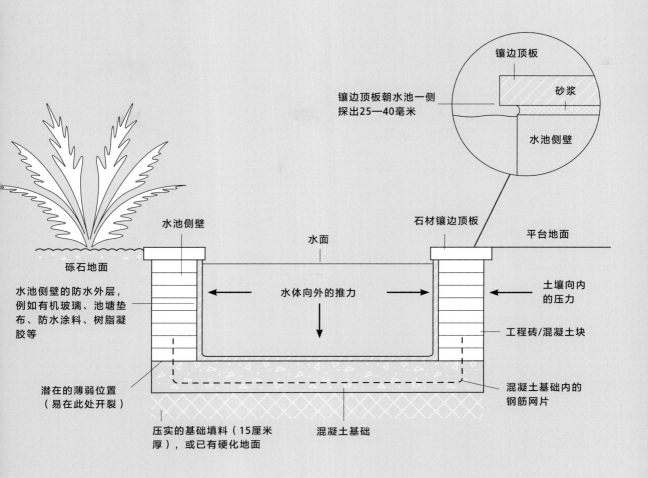

镶边顶板

镶边顶板朝水池一侧
探出25—40毫米

砂浆

水池侧壁

水池侧壁

水面

石材镶边顶板

平台地面

砾石地面

水池侧壁的防水外层，
例如有机玻璃、池塘垫
布、防水涂料、树脂凝
胶等

水体向外的推力

土壤向内
的压力

工程砖/混凝土块

潜在的薄弱位置
（易在此处开裂）

混凝土基础内的
钢筋网片

压实的基础填料（15厘米
厚），或已有硬化地面

混凝土基础

降，还要与垂直的侧壁密合连接，避免产生裂缝导致漏水。

所需材料

- 硬质基础填料，例如碎砖或混凝土块
- 沙子、水泥和碎石（直径约1.9厘米），用于制作混凝土基础
- 钢筋条
- 钢筋网片
- 工程砖或质地密实的空心混凝土块，用于建造侧壁
- 柔性池塘垫布
- 石材或混凝土板，用于制作水池的镶边顶板

搭建步骤

1 根据水池大小在地面上开挖坑洞，为水池侧壁和底板的厚度留出余量。

2 坑底放入硬质基础填料，将其压实，厚度不少于15厘米。

3 搅拌混凝土（水泥、沙子、碎石的比例为1∶2∶4），将其浇在硬质基础填料上。先浇7.5厘米厚，趁其未干时将钢筋网片铺在上面，然后立即再浇7.5厘米厚。

4 沿着水池侧壁的中心线，将钢筋条（30—40厘米长）垂直插入混凝土中，这有助于侧壁和底板的稳固连接。

5 用工程砖或空心混凝土块砌筑水池的四面侧壁，涂抹砂浆粘接（水泥、沙子的比例为1∶4）。钢筋上也要涂抹砂浆，以便固定在墙内。

6 待侧壁和底板干透固定，铺设池塘垫布，角落处叠成褶子，确保紧贴池壁（做法见第211页）。

7 池塘垫布的边缘向外翻折到侧壁上，涂抹砂浆（水泥、沙子的比例为1∶4）将镶边顶板压在上面。

种植设计

案例中选用的植物

这里采用了非规则式种植，从高大的竹子到低矮整齐的长阶花，所选植物是为了呈现色彩和质感的混合。所有植物对不同生长环境的适应力都很强，对养分的要求也很低。中央区域以点植种植呈现，以突出每棵植物的形态、色彩和质感。

种植图例

1 紫叶小檗
2 墨西哥橘"阿兹台克珍珠"
3 翅果连翘"玫红"
4 春黄菊"布克斯顿"
5 平枝枸子
6 矮生有髯鸢尾"波格"
7 扁刺峨眉蔷薇
8 蛇鞭菊
9 华丽木瓜"红与金"
10 大花红旗花

11 火棘"橙色光辉"
12 紫叶葡萄（格栅架）
13 欧洲荚蒾"玫瑰"
14 欧洲冬青"范·托尔"
15 有髯鸢尾"布莱斯维特"
16 山梅花"银雨"
17 紫枝连翘
18 密冠欧洲荚蒾
19 厚叶福禄考"面包师"
20 粗齿绣球"勋章"
21 金边瑞香

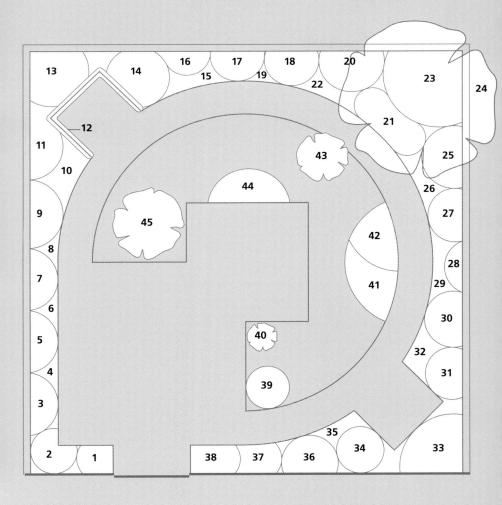

点植种植

孤植"一棵"或相同品种的"一组"植物，可以最大限度地展示其单体美感，还可以用砾石或树皮作衬底，更加突出其观赏特征。比起"孤植"，以恰到好处的间距分散"点植"不同植物，展示效果可能更佳，尤其当这些植物在色彩、形状、质感上相映成趣时。

在这个手法中，"点植"的可以是单独一棵植物，也可以是两三棵形成的一组。有些植物最好和其他植物保持一定距离，它们需要充裕的空间才能长出独特的形态。

选择点植的植物时要充分考虑所处空间大小。一棵成熟树种生长 10 年后会变得巨大而开散，需要有足够的伸展空间才可以。而一棵细窄的植物（例如速生树种）若处在空旷开阔的场地中又会显得比例失调——在大空间里，用同品种的三五棵树组成"树群"会有更好的效果。

空间充足便可布置点植种植，但选址不可随意，它们要作为焦点呈现——把它们种在从室内可以看到的地方，或者安排在园路的转折处，这样在你转身的一瞬间，它们能带来惊喜。

干燥向阳处的点植案例

1 红叶小檗"红珍宝"

2 凤尾丝兰

3 海蔷薇

4 岷江蓝雪花

5 花叶细叶海桐"艾琳·帕特森"

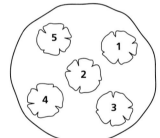

荫蔽潮湿处的点植案例

1 橐吾"火箭"

2 山荷叶

3 玉簪"弗朗西斯·威廉姆斯"

4 马桑绣球

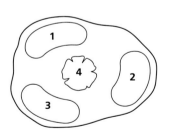

观叶植物点植案例

1 栎叶绣球

2 常春菊"阳光"

3 矮赤松"冬日黄金"

4 紫叶新西兰麻

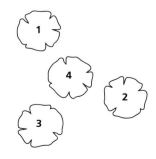

私密花园

你的花园可能会被邻居俯视，特别是在城市地区，这种情况相当普遍。竖起高高的栅栏围墙或种植高大的绿篱也并不总能解决问题（尤其当相邻建筑较高时）。没必要生硬彻底地阻隔花园外的视野，只需要稍稍遮掩和柔化，就能让它变得不那么明显。

案例中的设计要点

✓ 花园有 3 个区域，其中两个有私密性需求（休闲平台和圆形平台），还有一个对私密性的要求不高（草坪）。

✓ 枝叶轻盈的乔木消解了相邻建筑的生硬轮廓，也不会制造太重的阴影。

✓ 在乔木之下，直立生长的高大灌木提供了低一层的遮挡，打破并柔化了边界围墙或栅栏的线条。

✓ 格栅架和顶棚为休闲平台增加了私密性，又不会导致过度的阴暗。

✓ 在圆形平台周围，用竹丛和格栅形成的屏风进行遮挡，创造私密亲昵的休息空间。

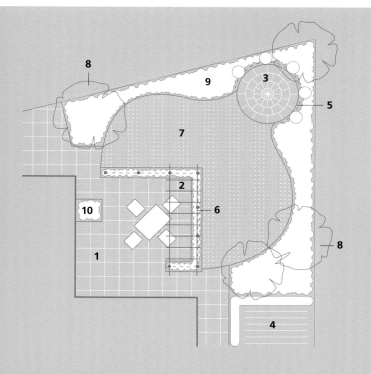

要素图例

1 休闲平台

2 顶棚

3 石质圆形平台

4 蔬菜种植区

5 竹丛和格栅组合屏风

6 爬藤植物（格栅架上）

7 草坪

8 枝叶轻盈的乔木（用于

消解相邻建筑的生硬轮廓）

9 种植区域

10 常绿灌木（用于遮挡隐蔽）

要素的变化搭配

如果你喜欢这个花园的整体设计，但想看
看其中的要素还有哪些不同做法，可参考
第250—251页的"要素的变化搭配"。

关键要素

落叶乔木

乔木可以为花园提供高度和结构感，除此之外，它们还能遮蔽掩盖不雅观的景物。用作掩盖物时，宜选择枝叶轻盈的树种，它们不会给花园制造太浓重的阴影。如果你的花园阳光充足，可以尝试枝叶更密实的落叶乔木，例如枫树，它们能在夏季提供舒爽的阴凉，又能在冬天让阳光透过。

竹丛和格栅组合屏风

结合自然植物和人工构筑的"混合屏风"是营造私密感的绝佳方式——格栅可以提供即时的遮挡，而竹丛可以柔化前者的生硬轮廓，随着竹丛的生长，其遮挡的范围也会逐渐加大。除了竹丛和格栅之外，你还可以使用其他植物和硬质材料的组合，通过改变材料的高度、色彩和质感，达到不同的效果。

草坪

养护良好的草坪可以提升花园的品质。用锋利的割草机割草，定期施肥、除杂草，在长时间的干燥天气里补水。确保休闲平台至少有一段与草坪相接，这样在天气好的日子里，休闲空间可以向草坪扩展。

动手搭建

竹丛和格栅组合屏风

把植物与格栅结合起来，创造一个与众不同又能有效遮挡的"屏风"。

仔细挑选的竹子能很快长成实用的"常绿屏风"。

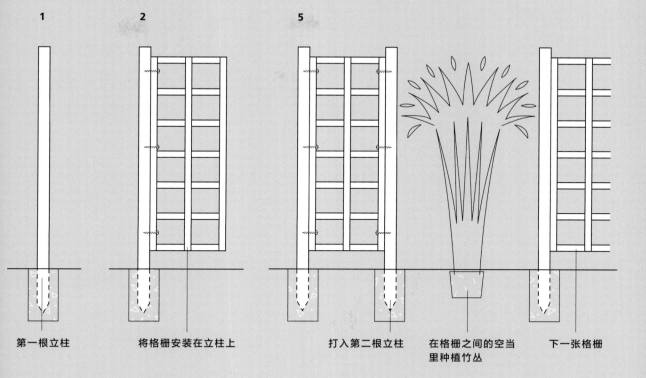

1 第一根立柱

2 将格栅安装在立柱上

5 打入第二根立柱　在格栅之间的空当里种植竹丛　下一张格栅

所需材料

- 格栅，以 1.8 米高、40—60 厘米宽为最佳；网格空隙最好小一些，可以提供更多的私密感。
- 立柱（每 1 张格栅配 2 根立柱），长度为格栅的高度再加 45 厘米（为了方便插入地面固定）；柱子的厚度要比格栅的厚度更小，截面 5—6 厘米见方（如果使用圆截面立柱，直径也是 5—6 厘米），这样的立柱与横宽较窄的格栅更相配。
- 竹丛，每两个格栅之间有一丛。
- 沙子、水泥、碎石，用于制作混凝土固定立柱（针对地面松软的情况）。

搭建步骤

1 将第一根立柱打入地面，露出所需的高度，如果地面太松软，可以挖洞浇筑混凝土柱基。

2 在格栅的一侧竖边上钻出 2 个或 3 个孔，然后用螺钉把它固定在第一根立柱上。

3 将第二根柱子紧贴着格栅的另一侧打入地面，并按步骤 2 的方法固定格栅。

4 重复上述操作安装剩余的格栅和立柱，两个格栅之间留出 60 厘米的空当。

5 在空当的中心处种下竹丛，浇透水。

种植设计

案例中选用的植物

这个设计里用到的落叶乔木具有疏朗轻盈的枝叶，冬季只留有光秃的枝干（允许阳光透过），但仍能起到遮挡和柔化的作用。直立向上生长的大灌木能提供足够的高度感，又不会占用太多地面空间。竹子和高大的观赏草是模糊边界的理想选择，在有限的空间里可以充当屏风使用。最后，生长迅速的落叶攀缘植物在夏季也能提供很好的遮挡效果。

种植图例

1 金叶洋槐

2 马桑绣球"维罗萨"

3 东方铁筷子

4 紫露草"保林"

5 贝蕾红瑞木"芙拉维拉梅"

6 紫叶小檗"赫蒙德立柱"

7 欧洲冬青"金字塔"

8 矢羽芒

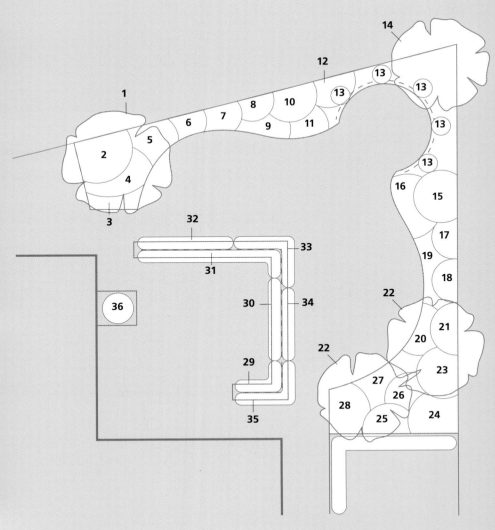

通过精心选位，一棵大灌木就能为角落里的长椅提供私密感。

创造私密的小空间

也许你只是想遮挡一块小小的区域，例如紧挨着后门的小空地，想坐在那里不受打扰地喝杯茶。创造这种私密的小空间只需用到一些植物，1.2 米的高度和冠幅足以在你坐下时将你隐藏起来。于是你翻开园艺书籍，凭喜好挑选了一棵植物，因为书里介绍它最终能长到 1.2 米——注意，这是错误的！因为它可能需要十年才能长到这个体量！你需要选择那些最终高度更大的植物，这样它能很快达到你想要的大小。同时，它也要能忍耐定期的修剪，以便控制大小，不超出预定范围。此外，它最好是常绿的，这样便能全年遮蔽私密空间。

能快速成型且耐修剪的常绿植物选例

- 达尔文小檗
- 美洲茶
- 墨西哥橘
- 乳白花枸子
- 埃比胡颓子
- 南鼠刺
- 红叶石楠
- 葡萄牙月桂
- 火棘
- 地中海荚蒾

小型家庭花园

如果家里有一两个孩童，你会希望他们也能享受到花园带来的快乐（和所有家庭成员一样），即使空间有限——这意味着必须在功能上做出取舍，舍弃一些不太重要的元素。随着孩子们长大，一些功能要素可以灵活地替换进来，例如池塘，在孩子还小的时候不宜设计，等他们长大后便可以把某个功能区改造成池塘。

案例中的设计要点

✓ 休闲平台的大小得当，当孩子们在上面玩耍时，大人可以很好地监督他们。

✓ 宽敞的游戏区铺有树皮碎屑，非常适合好动的孩子，若换成草坪很快就会被他们踩秃，到冬天变得很泥泞。

✓ 独立的烧烤区也可以作为一个安静的角落休息放松。

✓ 充足的储物空间。

✓ 选择的植物对儿童安全，易于维护又很美观。

✓ 没有设计存在安全隐患的水景。

✓ 有一小块场地用于蔬菜种植。

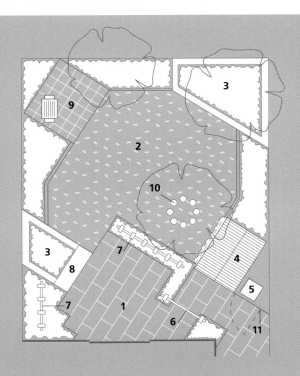

要素图例

1 休闲平台

2 游戏区（铺有树皮碎屑）

3 抬升种植坛（种

植蔬菜）

4 储物间

5 垃圾箱和杂物区

6 拱门

要素的变化搭配

如果你喜欢这个花园的整体设计，但想看看其中的要素还有哪些不同做法，可参考第250—251页的"要素的变化搭配"。

7 柱绳屏风

8 加宽花坛边（既是坐凳也是储物箱）

9 烧烤区

10 原木树桩

11 格栅架小门

关键要素

树皮铺地游戏区

在小花园里，舍弃草坪有时实为明智之举，因为它经不起孩子的踩踏。用树皮碎屑或木屑代替，铺在能抑制杂草的园艺地布上，可以提供一片干净整洁、四季无需维护的地面。若干年后，随着孩子长大，这片区域承受的踩踏量也逐渐减小，那时便可以替换成草坪了（播草籽或铺草皮均可）。

种植坛边缘坐凳

抬升种植坛可以在花园中引入水平高度的变化。利用旧枕木建造会更容易，填入优质土壤和堆肥，就可以种植蔬菜了。加宽种植坛的边缘使之成为坐凳，提供额外的停留空间。还可以将其做成前开门或翻盖橱柜的形式，把坐凳内部变成储物空间。

休闲平台

一个尺度得当的休闲平台是必不可少的。如果你想在潮湿的天气里使用户外空间，或者想在夏天进行户外娱乐，平台的作用就更加明显了。让平台与房屋呈一定角度斜向布局，可以更充分地利用空间。柱绳屏风在平台和游戏区之间形成有效的分隔，但仍允许视线穿过，以便观察孩子们的情况。

动手搭建

柱绳屏风

将花园分隔出不同的空间区域能增加趣味性和特别感，但你也许不想用坚实的硬质屏障（例如栅栏或墙体），可能也不想用植物作遮挡。这时，一个开敞的"柱绳屏风"会很合适——竖起一列简单的柱子，用天然纤维制成的绳子垂挂连接，这是家庭花园的理想选择。它不会完全阻挡视线，更重要的是，它制作简单又经济实惠。

沉甸甸的绳子和质朴的立柱为攀缘植物提供了简洁又美观的支撑，例如这棵铁线莲。

所需材料

- 户外软木柱子，截面为 15 厘米 × 5 厘米，长约 2.4 米（也可更短，那样做出的屏风也更矮）。
- 天然纤维制成的绳子，例如麻绳，至少 2.5 厘米粗。
- 沙子、水泥和碎石，用于制作混凝土浇筑柱基（可选）。
- 油漆，与栅栏和抬升种植床的颜色相同或呈对比色（可选）。

搭建步骤

1 用钻头在每根柱子上钻一个孔，距离顶部约 7.5 厘米。孔的大小足以穿过绳子。

2 给所有柱子刷漆上色，待它们干透。

3 对应每根柱子的位置，在地面上挖坑，大约 40 厘米深，20—25 厘米宽，两坑之间相距 45 厘米。

4 将柱子埋入坑中，保持竖直，回填土壤并牢牢夯实。如果地面太松软，可用混凝土（比例为 1 份水泥兑 2 份沙子和 4 份碎石）浇入坑中，将柱子放入，检查是否垂直，待混凝土凝固。

5 将绳子一端打结，未打结的一端依次穿过每根柱子上的孔。最后再打一个尾结固定，剪掉多余部分。

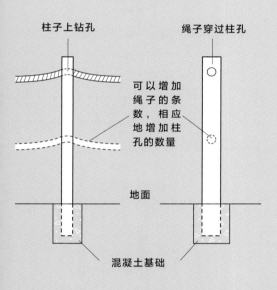

柱子上钻孔　　　　绳子穿过柱孔

可以增加绳子的条数，相应地增加柱孔的数量

地面

混凝土基础

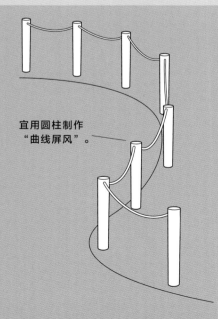

宜用圆柱制作"曲线屏风"。

柱绳屏风的变形运用

- 可以选择不同尺寸的柱子（圆柱亦可），根据不同用途确定柱子的高度，例如用低矮的柱列分隔两个不同主题的种植区。
- 可以在柱子上多钻一些孔，比方说，每隔 30 厘米钻一个孔。每段绳子也可以留长一些，松垂度更高让屏风看起来更"放松"。
- 调节柱子的高度可以创造蛇形起伏的效果。
- 在立柱旁种植精致的爬藤植物。把铁丝固定在柱子上，方便爬藤植物向上攀缘。
- 在地面上用柱列勾勒出曲线线条，或沿着花境的边缘布置柱列。
- 用成对的柱子横跨在小路上，形成"绳索拱门"或"绳索廊架"，还可以在旁边种植较轻的爬藤植物，让它攀缘其上。

种植设计

7

13

16

24

案例中选用的植物

观赏型小乔木和果树撑起了花园的结构感和高度感，易于打理的灌木、宿根植物和攀缘植物对于有小孩的家庭是安全的选择，而且它们足够强健，可以承受不可避免的损伤（来自孩子的破坏）。简单易种的蔬菜安排在抬升种植坛中，供应新鲜的胡萝卜、卷心菜和香草植物。

种植图例

1 高山铁线莲（柱绳屏风）

2 分药花 "蓝色尖顶"

3 紫露草 "纯真"

4 紫叶厚叶岩白菜

5 杂交银莲花 "理查·阿伦斯"

6 蔬菜种植区

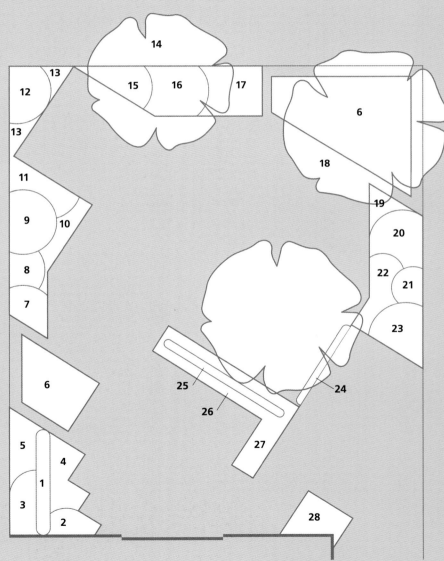

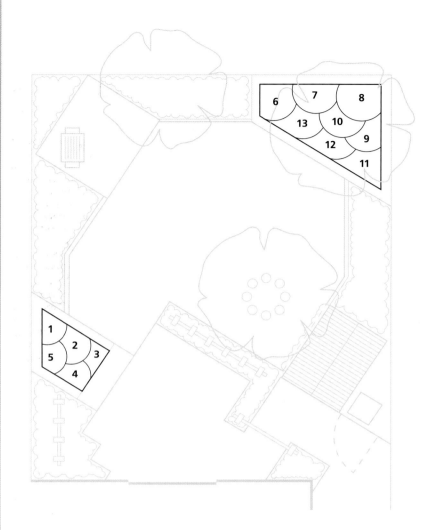

菜地变身花坛

当你不想继续种菜了，可以把抬升种植坛里的蔬菜替换成观赏植物，增加花园的色彩和细节。

抬升种植坛的观赏植物

1 晨光芒

2 茵芋

3 半日花"新娘"

4 乌饭树叶蓼

5 紫菀"蒙奇"

6 紫叶锦带

7 管花木樨

8 金心桃叶珊瑚

9 金光菊"金色风暴"

10 木绣球"安娜贝尔"

11 花叶小蔓长春

12 老鹳草"罗素·普理查德"

13 无毛小叶栒子

混凝土风格花园

人们对混凝土有一些误解，常认为它比砖、木和天然石材"低等"。然而，如果充满想象力地使用它，并以富有细节的方式构筑，混凝土独有的形式感和装饰面可以为花园提供非常吸引人的骨架。

案例中的设计要点

✓ 针对小场地采用富有想象力的布局，充分利用了每一寸空间。

✓ 别出心裁地运用混凝土管筒等材料，使其成为花园景观细节（而不是常规做法那样用于排水沟和路缘石）。

✓ 不同的混凝土表面肌理，从光滑到锤纹再到暴露骨料，增加了观赏的趣味。

✓ 运用混凝土构件简单有效地创造高度变化。

✓ 植物与混凝土的平衡，前者柔化了后者生硬的轮廓线条，更好地展现了混凝土表面的各种肌理。

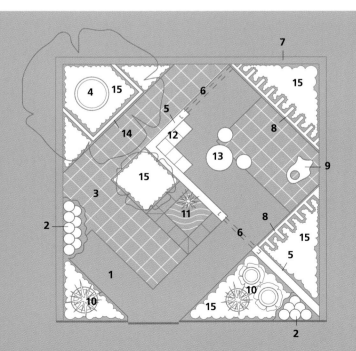

要素图例

1 现浇混凝土地面（表面暴露骨料）

2 混凝土管筒花坛（种有一年生蔓生植物，形成"瀑布"效果）

3 混凝土板铺装（锤纹表面）

4 混凝土管筒与盆栽乔木

5 混凝土装饰砖墙体

6 拱门（混凝土梁和攀缘植物）

7 边界围墙

8 抬升花坛挡墙（用混凝
   土 U 型槽搭建）

9 抽象雕塑（混凝土制）

10 混凝土管筒与盆栽灌木

11 方形抬升水池

12 混凝土长椅

13 混凝土桌凳

14 抬升花坛边缘（混凝土板）

15 种植区域

要素的变化搭配

如果你喜欢这个花园的整体设计，但想看看其中的要素还有哪些不同做法，可参考第250—251页的"要素的变化搭配"。

混凝土管筒

盆栽的容器不一定是陶土、石头等传统材料，只要底部排水良好，任何防水材料都可以使用。混凝土管筒就是一个很好的例子，它们可以单独呈现，例如在口径很大的管筒里孤植小乔木或灌木，也可以成组排布，用于宿根植物和一年生植物的种植。

抬升水池

若地面不能挖下太深，抬升水池是一个好办法。可用木材、石材或混凝土作顶板，离地约 45 厘米高，还可以加宽池边充当坐凳。

地被植物

低矮的地被植物可以柔化铺装的生硬边缘。如果你的铺装比较朴素平淡，可以尝试种植花朵醒目或叶片斑斓的观赏型地被植物。但如果铺装本身就很有吸引力，那么最好让地被植物"低调"一些，例如选用叶片普通的常春藤。

制作混凝土桌凳

这里介绍的是混凝土凳子的做法，你也可以用长度更长、口径更大的混凝土管筒制作桌子，制作方法与凳子差不多，最后铺上桌布与凳子坐垫搭配。如果你希望混凝土呈现更多色彩，可以在其表面喷涂砖石漆。

由三个混凝土块制成的简易坐凳是这个草本植物花境的完美衬托。

所需材料

- 圆形或方形混凝土管筒，直径 30—40 厘米，长 40—50 厘米，每个管筒制作一个凳子
- 19—25 毫米厚防水胶合板
- 脚轮（每个凳子配 4 个）
- 螺钉和胶塞胀管
- 坐垫

搭建步骤

1 用曲线锯切出两块胶合板：一块与管筒底部的形状完全吻合，另一块用作顶板。

2 用钻头在管筒的底部和顶部边沿各钻四个等距的孔，塞入胶塞胀管，用螺钉把两块胶合板固定到位。

3 在底部的胶合板上拧上四个脚轮。

4 在顶板上放置坐垫。

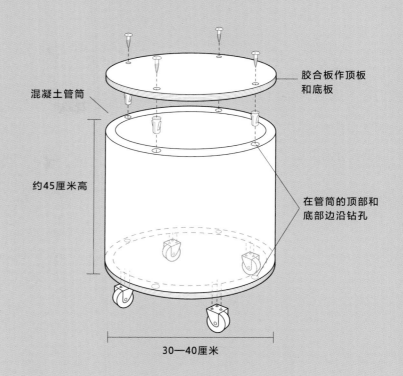

胶合板作顶板和底板

混凝土管筒

约45厘米高

在管筒的顶部和底部边沿钻孔

30—40厘米

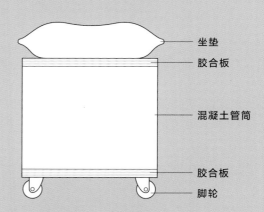

坐垫

胶合板

混凝土管筒

胶合板

脚轮

简易混凝土长椅

通常用作排水渠的预制混凝土 U 型槽，也可以成为花园长椅——只需将它们翻转到墙边，在上面放置舒适的坐垫。

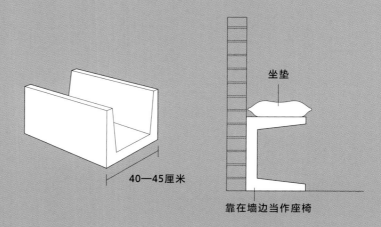

40—45厘米

坐垫

靠在墙边当作座椅

种植设计

案例中选用的植物

简洁醒目的种植弥补了混凝土粗犷原始的质感。这里有玉簪、枫树、新西兰麻等观叶植物，也有毛泡桐等具有独特美感的乔灌木，在它们下方还种植了大量能抑制杂草生长的宿根植物和观赏草。植物的色彩大多是克制的，为了强调叶片和形态的美感，但在局部位置点缀了天竺葵和杜鹃花，使小区域内充满活力。

种植图例

1 四翼槐

2 阔叶山麦冬

3 天竺葵和六倍利（混凝土管筒花坛）

4 金叶白泽槭

5 密穗蓼"超霸"

6 狭叶玉簪"染白"

7 毛泡桐（混凝土管筒盆栽）

8 裂矾根"布里奇特·布鲁姆"

9 玉簪"蜜铃"

10 美味猕猴桃（梁架）

11 大叶女贞"辉煌"

12 新西兰麻"古铜宝贝"

13 矮生枸子"巨石"

14 锥形欧洲红豆杉

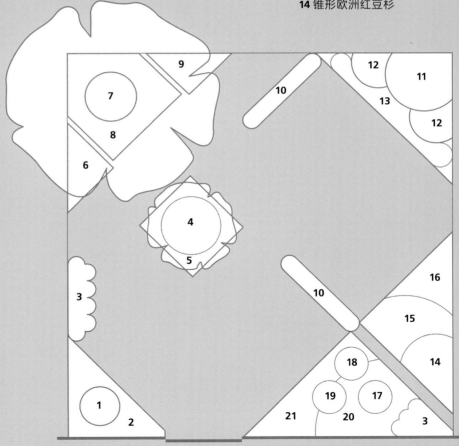

蜜花的叶形和叶色极具观赏性。

重剪乔灌木

许多落叶型和常绿型乔灌木（包括一些针叶树）都可以在休眠期进行大幅修剪，不必担心造成损伤。这么做的好处是，那些被忽视已久、长得变形走样的老植物可以借此机会重新塑形，再次焕发活力。另外，它们新长出来的枝条将更强壮，叶片也更大更亮。

叶形出众的乔灌木选例

- 八角枫

- 美国梓树

- 欧洲矮棕榈

- 八角金盘

- 栎叶绣球

- 十大功劳

- 蜜花

- 红柄木樨

- 滇牡丹

- 新西兰麻

传统城市花园

这个方案是为一个狭窄细长的花园而设计的（许多城市花园都是这种形状）。棱角分明的平台、斜向的铺装、格栅屏风、廊架等木质架构与种植相结合，一同将花园分隔成几个小区域，巧妙地掩饰了花园狭长的整体形状，使其更加有趣诱人。

案例中的设计要点

✓ 设计别出心裁，形式简单，易于实现。

✓ 采用传统的种植方式，使每个季节都有观赏点，且易于维护。

✓ 所有材料都是现成的，且价格低廉。

✓ 这座花园非常容易建造，只需一些 DIY 技巧。

✓ 花园中有几处独立的区域，可分别提供阳光、阴凉和私密感。

要素的变化搭配

如果你喜欢这个花园的整体设计，但想看其中的要素还有哪些不同做法，可参阅第250—251页的"要素的变化搭配"。

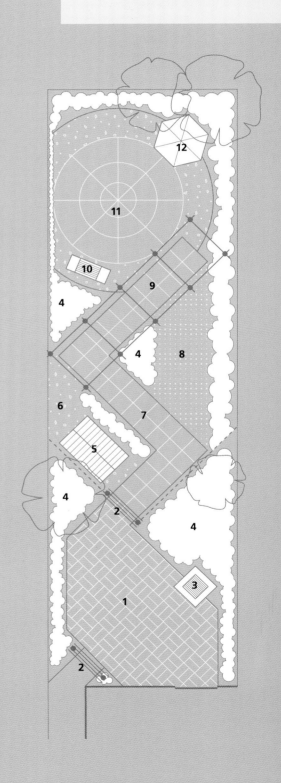

要素图例

1 砖铺平台	**7** 方石板铺装
2 拱门	**8** 草坪
3 安全水景	**9** 廊架
4 种植区域	**10** 烧烤台
5 储物间	**11** 圆形平台（石材铺装）
6 露天存储区	**12** 夏屋凉亭

关键要素

安全水景

将小水景安排在闲坐区旁边或从室内可以看到的位置。把水箱潜埋于地下，用铁丝网、石块和大岩石盖在顶部，使其对儿童安全。即使最小的花园也有空间放置这种水景，流水的声响和动感让花园受益良多。

拱门廊道

在曲线园路或不规则园路上，建造一系列拱门，形成廊道效果（无须考虑复杂的连接和朝向问题）。有两种策略可供参考，一是把拱门设计得很有观赏性，同时尽量减少植物种植，突出架构的美感；二是降低成本，建造最简易的拱门，给丰富的爬藤植物作支撑。

储物间

即使是最小的花园，也需要一个在冬季存放园艺工具和花园家具的地方。如果花园空间宽裕，可以用植物带、绿篱或格栅架进行遮挡，把储物间"藏"起来。如果空间不足，可利用涂料和装饰品把储物间变成焦点景物，例如在屋顶铺设雪松木瓦，或在檐口设计漂亮的封檐板。

动手搭建

建造简易花园拱门

园艺中心、装修店和木工工坊都有不同风格的木拱门出售，当然你也可以自己建造，根据你的心意确定拱门的尺寸、材质和外观，特别是当你希望拱门与其他花园构筑物相搭配时，自己建造会更好。

如果有生长旺盛的爬藤植物攀附，最好选择造型简单的拱门，因为它很快就会被爬藤植物遮盖住。

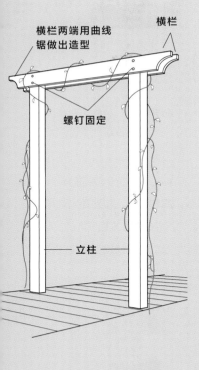

横栏两端用曲线
锯做出造型

横栏

螺钉固定

立柱

所需材料

- 2根户外用软木方柱（截面为 7.5 厘米 × 7.5 厘米）；长度为拱门的高度再加 45 厘米（多出来的部分用于地面固定）。
- 2片软木横栏（截面为 3.8 厘米 × 12.5 厘米）；长度为拱门的宽度再加 40 厘米（两侧各有 20 厘米的悬挑）。
- 沙子、水泥和碎石，用于制作立柱的混凝土基础，或准备 2 个专门用于固定立柱的金属件（钉在地面上）。
- 螺钉
- 木料漆

搭建步骤

1 在地面上挖两个约 25 厘米见方，约 50 厘米深的坑。

2 制作混凝土（比例为 1 份水泥兑 2 份沙子和 4 份碎石），浇入坑中，同时把立柱也插入。

3 确保立柱直立、顶面水平。

4 将横栏切成所需长度。如果有需要，可用曲线锯做出两端造型。

5 组装拱门前，给立柱和横栏上漆。

6 立柱的正反两面各配一片横栏，用螺钉固定，确保横栏两端悬挑出来的长度相等。

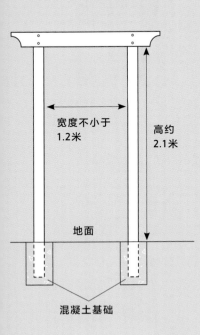

宽度不小于
1.2米

高约
2.1米

地面

混凝土基础

确保立柱直立

插在混凝土中的立柱要确保直立，直至混凝土完全凝固，这里可能会遇到问题，例如被大风吹斜，或被儿童和宠物撞到。为了避免这些情况，可以取一段薄木板（截面约 2.5 厘米 × 3.8 厘米），在立柱大致直立时，将薄木板贴在柱子的一个面上，斜向下 45 度角打入地面。用水平仪校正立柱完全直立，然后用钉子固定薄木板，使其撑住立柱。在相邻边的立柱侧面上重复上述步骤，使这个方向上也得到支撑，立柱便不会歪斜。

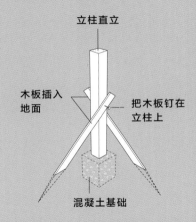

立柱直立

木板插入
地面

把木板钉在
立柱上

混凝土基础

另一种方法是，对应立柱的每个侧面，在不远处的地面上插入销钉，然后用长而结实的绳子把立柱与销钉（或其他固定的物体）绑紧拉直，就像帐篷的拉绳一样。

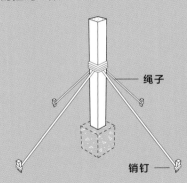

绳子

销钉

种植设计

案例中选用的植物

由传统乔木、灌木、宿根植物和观赏草组成的混合种植景观适应着不同程度的阳光和荫蔽，并在全年不同季节里为我们持续不断地提供观赏点。这些植物的维护需求都不高，而且很容易从苗圃和园艺中心买到。

种植图例

1 洒金桃叶珊瑚

2 月季 "粉格罗"

3 地中海荚蒾 "伊芙·普莱斯"

4 粗齿绣球 "珍贵"

5 拉马克唐棣

6 欧洲鹅耳枥 "尖叶"

7 紫叶榛

8 矢竹

9 埃比胡颓子

10 金叶欧洲山梅花

11 圆锥绣球 "塔蒂瓦"

12 南鼠刺 "桃花"

13 鬼吹箫

14 紫叶锦带

15 花叶芒

16 菱叶绣线菊

17 紫花醉鱼草 "洛钦奇"

18 海棠 "约翰·唐尼"

19 红叶石楠

20 木槿 "蓝鸟"

21 达尔文小檗

22 萱草 "斯塔福德"

23 狼尾草 "哈默恩"

24 银边扶芳藤

25 紫花荆芥

26 金叶鹿角桧 "金色海岸"

27 阔叶山麦冬

28 红黄萼凌霄 "盖伦夫人"

29 月季 "瑟菲席妮·杜鲁安"

30 平枝枸子

31 花叶胡颓子 "迪克逊"

32 黑铁筷子

33 绣球 "莫里哀夫人"

34 蜡梅

35 大花六道木

36 萱草 "灼日"

37 月桂溲疏

38 荷兰菊 "蓝衣女士"

39 花叶红瑞木

40 细叶海桐

41 喜马拉雅桦

42 日本绣线菊 "雪丘"

43 火棘 "橙色光辉"

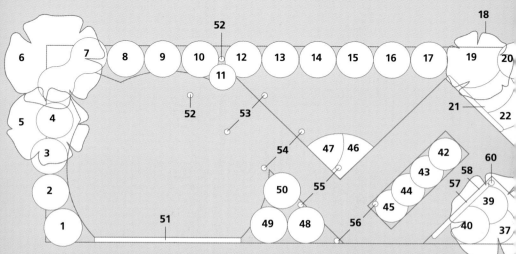

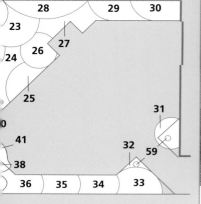

适合小花园的乔木选择

不论在存活时间，还是体量高度上，乔木都是"终极"植物。即使只种一棵乔木，也能给花园的外观带来巨大改变。你必须仔细慎重地为小花园选择乔木，要预想到树冠会随着时间逐渐扩展，它地下的根系也是如此。

如果选树不慎，很可能会给你和邻居带来麻烦。在空间非常有限的情况下，可以改种大灌木，经过修剪塑形使其长成小乔木形态。

垂枝柳叶梨是理想的小花园乔木。

选择乔木时可参考以下几种类型

- 生长缓慢的树种
- 最终高度不高的树种（或园艺变种）
- 叶片轻盈精致的树种
- 树形狭长直立的树种

应避免的乔木类型

- 生长迅速的树种，例如柳树和杨树
- 构成森林主体的树种（体量巨大），例如橡树和山毛榉
- 根系旺盛、密集的树种，例如白蜡树、柳树和杨树
- 叶片大、树冠厚密的树种，例如欧亚槭和七叶树
- 树冠横展覆盖的树种，例如草莓树

适合小花园的乔木选例

- 鸡爪槭
- 血红鸡爪槭
- 拉马克唐棣
- 钝裂叶山楂"红保罗"
- 金叶皂荚
- 二乔玉兰
- 海棠
- 毛叶石楠
- 杂交樱花"十月樱"
- 欧亚花楸

要素的变化搭配

致谢

Eric Crichton/Design: Stephen Roberts, Isobel Kendrick, RHS Tatton Park Flower Show 1999 198 right **Garden Picture Library**/Mark Bolton 182 centre left top/Eric Crichton 186 right/Suzie Gibbons 133/John Glover 128 bottom left/Juliet Greene; Design: Jacquie Gordon, RHS Chelsea Flower Show 1999 222 right/Neil Holmes 134 top left/Clive Nichols 61/JS Sira 81, 104 centre left top, 146 bottom left/ Janet Sorrell 105, 169/Friedrich Strauss 135/Ron Sutherland 145/Juliette Wade 104 centre left bottom **John Glover** 20 top left, 39, 44 top left, 50 centre left top, 78 bottom left, 116 bottom left, 128 centre left bottom, 164 top left, 170 bottom left, 176 top left, 176 bottom left, 182 centre top/Design: Bradley/Carey 115 bottom/Design: McNeil/Leeves 114 right
/Design: Steve Woodham 115 top **Jerry Harpur** 32 centre left bottom, 98 bottom left, 147, 182 centre left bottom/Design: Mr. Ashdown, Alresford 246 right/Design: Jeff Bale 120 right/Design: Michael Balston 231/Barzi & Cabares, Buenos Aires, Argentine 30 right/Patricia Larson Boston 139 top/Design: Raymond Hudson/Free Island Pines 72 right/Design: Luciano Giubbilei, Kensington, London 180 right/Design: Naila Green, Dawlish 108 bottom right/Design: Bernard Hickie, Dublin 175/Tom Hobbs, Vancouver 171/ Bruan Hubbard, Del Mar 32 bottom left/Design: Bruce Kelly 213/Kate Kend 48 right/Design: Hoichi Kurisu 183/Lambeth Palace 240 right/Design: Gunilla Pickard 45/Design: Erik De Maeijer and Jane Hudson for Cancer Research UK, RHS Chelsea Flower Show 2003 96 bottom right **Marcus Harpur** 50 centre left bottom, 62 top left, 116 top left, 218 centre left bottom, 236 centre left top/Creagh, Co. Cork, Ireland 170 centre left bottom/Harvey's Garden Plants 212 centre left bottom/RHS Wisley 176 centre left bottom/; Design: Shooting Star Trust, RHS Hampton Court 2003 99/Cherry Williams, Bungay, Suffolk 242 top left **Andrew Lawson** 20 centre left top, 20 centre left bottom, 32 centre left top, 62 bottom left, 62 centre left top, 62 centre left bottom, 92 top left, 92 centre left top, 132 right, 134 centre left top, 164 bottom left, 204 right, 210 bottom right, 212 top left, 218 bottom left, 228 right, 236 top left/ Design: Jinny Blom 234 right/Design: Katy Collity 205/Design: Wendy Lauderdale 42 bottom right/Design: Anthony Noel 103/Design: Dan Pearson 117/Design: Dipika Price 24 bottom right/Design: Sara Woolley 54 bottom right **S & O Mathews** 50 bottom left, 63, 92 bottom left, 116 centre left top, 146 centre left bottom, 165, 168 right, 176 centre left top, 230 centre left bottom **Octopus Publishing Group Limited**/38 bottom left, 98 centre left bottom, 104 top left, 146 top left, 152 top left/Mark Bolton 12 bottom right, 19, 67 centre/ Design: Elizabeth Apedaile, RHS Hampton Court Flower Show 2001 151/Design: Nigel Boardman & Stephen Gelly, RHS Hampton Court Flower Show 2001 192 right/Design: Christopher Costin, RHS Hampton Court Flower Show 2001 2/Design: Christopher Costin, RHS Hampton Court Flower Show 2001 223 top/Design: Paul Dyer, RHS Hampton Court Flower Show 2001 3/ Design: Sarah Eberle, RHS Hampton Court Flower Show 2001 91 top/Design: Sheila Fishwick, RHS Chelsea Flower Show 2001 144 right/Design: Naila Green, Pecorama, Devon 216 bottom right/Design: Stephen C. Markham Collection, RHS Chelsea Flower Show 2001 150 right/Design: Prof. Masao Fukuhara, Masahiro Yoshida, Jun Takada & Team RHS Chelsea Flower Show 2001 126 bottom right/Design: Tom Stuart-Smith, RHS Chelsea Flower Show 2001 7/Design: Carole Vincent, RHS Chelsea Flower Show 2001 90 right/ Michael Boys 14 centre left bottom, 32 top left, 44 centre left bottom, 56 top left, 56 centre left bottom, 74 centre left top, 74 centre left bottom, 146 centre left top, 152 bottom left, 158 centre left bottom, 170 top left, 192 centre left top, 212 bottom left, 230 top left, 243/Jerry Harpur 44 centre left top, 50 top left, 56 bottom left, 56 centre left top, 68 centre left bottom, 80 top left, 80 centre left top, 80 centre left bottom, 98 top left, 128 top left, 128 centre left top, 158 top left, 158 bottom left, 158 centre left top, 164 centre left top, 194 centre left bottom, 224 top left, 230 centre left top, 236 bottom left, 242 centre left top, 248 centre left top/ Marcus Harpur 68 centre left top, 122 centre left top/Neil Holmes 152 centre left top/Andrew Lawson 14 top left, 14 bottom left, 18 bottom right, 26 top left, 26 bottom left, 26 centre left top, 44 bottom left, 68 top left, 80 bottom left, 92 centre left bottom, 110 top left, 110 centre left top, 110 centre left bottom, 122 top left, 122 bottom left, 122 centre left bottom, 134 centre left bottom, 140 top left, 140 centre left top, 140 centre left bottom, 188 bottom left, 188 centre left bottom, 194 top left, 200 bottom left, 200 centre left top, 206 top left, 206 bottom left, 206 centre left top, 206 centre left bottom, 224 bottom left, 224 centre left bottom, 230 bottom left, 242 centre left bottom, 248 bottom left/Howard Rice 55, 86 centre left top, 110 bottom left, 134 bottom left, 170 centre left top, 200 top left, 224 centre left top, 236 centre left bottom, 249/David Sarton 141, 162 bottom right/Design: Mark Ashmead, RHS Hampton Court Flower Show 2002 1/Design: Diana Beddoes, RHS Hampton Court Flower Show 2003 36 bottom right/Design: Cherry Burton, RHS Hampton Court Flower Show 2002 223 bottom/Design: Janette Lazell, Design in Green, RHS Hampton Court Flower Show 2003 66 centre right/Design: Sarah Lloyd, RHS Hampton Court Flower Show 2003 218 top left/Design: Erik de Maeijer & Jane Hudson 174 bottom right/Design: May & Watts Garden Design, RHS Hampton Court Flower Show 2002 9/Design: Mark Walker & Sarah Wigglesworth, RHS Chelsea Flower Show 2002 156 right/Design: Geoffrey Whiten, Goldfish Bank Ltd. RHS Chelsea Flower Show 2003 91 bottom/Design: Geoffrey Whiten, RHS Chelsea Flower Show 2001 8/Mark Winwood 139 bottom, 217, 218 centre left top/ Steve Wooster 37/George Wright 14 centre left top, 26 centre left bottom, 38 top left, 74 top left, 86 top left, 86 centre left bottom, 116 centre left bottom, 140 bottom left, 164 centre left bottom, 182 bottom left, 188 top left, 188 centre left top, 194 bottom left, 248 centre left bottom/Mel Yates 67 top left/James Young 20 bottom left, 38 centre left top, 38 centre left bottom, 68 bottom left, 74 bottom left, 86 bottom left, 98 centre left top, 104 bottom left, 152 centre left bottom, 200 centre left bottom, 212 centre left top, 242 bottom left, 248 top left.

Executive Editor: **Sarah Ford**
Managing Editor: **Clare Churly**
Editor: **Katy Denny and Lydia Darbyshire**
Executive Art Editor: **Rozelle Bentheim**
Design: **'omedesign**
Diagrams: **David Beswick**
Illustrations: **Mark Burgess, Kevin Dean, Nicola Gregory, Jenny Hawksley and Gill Tomblin**
Picture Researchers: **Christine Junemann and Jennifer Veall**
Production Manager: **Louise Hall and Martin Croshaw**